(第3版)

烹饪基本技能

就业技能培训教材 | 人力资源社会保障部职业培训规划教材
人力资源社会保障部教材办公室评审通过

主编 范建新 王岩

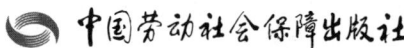
中国劳动社会保障出版社

图书在版编目(CIP)数据

烹饪基本技能 / 范建新, 王岩主编. -- 3 版. -- 北京：中国劳动社会保障出版社, 2020
就业技能培训教材
ISBN 978-7-5167-3866-5

Ⅰ.①烹… Ⅱ.①范… ②王… Ⅲ.①烹饪-技术培训-教材 Ⅳ.①TS972.1

中国版本图书馆 CIP 数据核字(2020)第 107213 号

中国劳动社会保障出版社出版发行
(北京市惠新东街 1 号　邮政编码：100029)

*

北京市艺辉印刷有限公司印刷装订　新华书店经销
880 毫米×1230 毫米　32 开本　7.375 印张　154 千字
2020 年 9 月第 3 版　2022 年 2 月第 5 次印刷
定价：18.00 元

读者服务部电话：(010) 64929211/84209101/64921644
营销中心电话：(010) 64962347
出版社网址：http://www.class.com.cn

版权专有　　侵权必究

如有印装差错，请与本社联系调换：(010) 81211666
我社将与版权执法机关配合，大力打击盗印、销售和使用盗版图书活动，敬请广大读者协助举报，经查实将给予举报者奖励。
举报电话：(010) 64954652

前　言

国务院《关于推行终身职业技能培训制度的意见》提出，要围绕就业创业重点群体，广泛开展就业技能培训。为促进就业技能培训规范化发展，提升培训的针对性和有效性，人力资源社会保障部教材办公室对原职业技能短期培训教材进行了优化升级，组织编写了就业技能培训系列教材。本套教材，以相应职业（工种）的国家职业技能标准和岗位要求为依据，并力求体现以下特点：

全。教材覆盖各类就业技能培训，涉及职业素质类、农业技能类、生产、运输业技能类、服务业技能类、其他技能类五大类。

精。教材中只讲述必要的知识和技能，强调实用和够用，将最有效的就业技能传授给受培训者。

易。内容通俗，图文并茂，引入二维码技术提供增值服务，易于学习。

本套教材适合于各类就业技能培训。欢迎各单位和读者对教材中存在的不足之处提出宝贵意见和建议。

人力资源社会保障部教材办公室

内 容 简 介

本书是烹饪就业技能培训教材，本书从烹饪工作的入厨须知出发，对原料基础加工、切配训练、热菜制作、冷菜制作以及菜肴的命名等烹饪基本技能进行了细致的梳理。

本书在编写过程中吸取了《烹饪基本技能（第二版）》实用技能突出的优点，并从当前烹饪培训市场的实际需求出发，针对就业技能培训学员的特点，进一步强化了技能的实用性，配备了大量的操作实例，帮助学员在实际操作训练中掌握烹调的基本方法。

为帮助读者更好地掌握烹饪技能，扫描封底的二维码可免费查看本书相关高清图片。

本书由范建新、王岩主编，徐文艳、苗林、董宇参编，高山审稿。本书在编写过程中得到了北京工贸技师学院的大力支持，在此表示衷心的感谢。

目 录

第 1 单元　入厨须知 ………………………………………………… 1

第 2 单元　原料基础加工 ……………………………………………… 5

模块一　新鲜蔬菜的基础加工 ……………………………………… 5
模块二　畜肉类原料的基础加工 …………………………………… 8
模块三　家禽类原料的基础加工 …………………………………… 16
模块四　水产品的基础加工 ………………………………………… 21
模块五　常用干货的基础加工 ……………………………………… 28

第 3 单元　切配训练 …………………………………………………… 35

模块一　刀工训练 …………………………………………………… 35
模块二　原料成形 …………………………………………………… 55
模块三　配菜训练 …………………………………………………… 68

第 4 单元　热菜制作 …………………………………………………… 79

模块一　厨房常用工具及勺工训练 ………………………………… 79
模块二　火候 ………………………………………………………… 92
模块三　调味 ………………………………………………………… 101
模块四　原料的初步熟处理 ………………………………………… 112

· I

模块五　烹调的辅助手段 …………………………………… 121

模块六　炸菜制作 ………………………………………………… 136

模块七　熘菜制作 ………………………………………………… 145

模块八　爆菜制作 ………………………………………………… 150

模块九　炒菜制作 ………………………………………………… 156

模块十　烧菜制作 ………………………………………………… 167

模块十一　煎菜和烹菜制作 ……………………………………… 173

模块十二　烩菜、炖菜和焖菜的制作 …………………………… 178

模块十三　时尚菜例制作 ………………………………………… 187

第5单元　冷菜制作 …………………………………………… 191

模块一　冷菜装盘 ………………………………………………… 191

模块二　冷菜菜例制作 …………………………………………… 199

第6单元　菜肴的命名 ………………………………………… 221

培训大纲建议 ……………………………………………………… 224

第1单元 入厨须知

厨师从事的烹饪工作是一项对各种烹调原料进行初加工、细加工，再通过煎、炒、烹、炸、熬、炖、焖等烹调手段，将烹调原料制作成色、香、味、形俱佳的菜肴的工作。

一、道德素质要求

行行出状元，每个行业都有每个行业的"德"。教师讲师德，医生讲医德，厨师讲的是厨德。厨德，即厨师在劳动过程中所应遵循的与其职业活动紧密联系的道德原则和规范的总和。

厨师的道德素质要求一般包括以下几点：

1. 重视企业信誉，诚实公平交易，树立"顾客第一，讲求信誉"的良好职业道德。

2. 年轻厨师须向老一辈师傅学习，真正做到尊重师傅。

3. 自觉遵守《食品安全法》和《野生动物保护法》。

二、卫生素质要求

厨师个人卫生素质的高低是餐饮企业卫生情况优良与否的决定性因素，再严格的岗位卫生要求，也要依靠一线的厨师执行。厨师的卫生素质要求包括卫生意识、健康状况、食品卫生知识、卫生习惯等内容。

1. 卫生意识

食品卫生不仅影响食用者的身体健康，也关系到餐饮企业的声誉和经济效益，乃至厨师的个人前途。卫生意识薄弱的厨师往往以过去没有发生过食物中毒的情况为借口，继续保持不符合卫生要求的操作。但过去没有发生过食物中毒，并不能代表现在或将来不发生问题。只要隐患存在，一旦具备相应条件，发生食物中毒就不可避免。因此，厨师必须注意增强自身的卫生意识，时刻注意食品卫生安全。

2. 健康状况

有相当一部分食物中毒和其他食源性疾病，是食品制作者携带病原微生物，进而污染食品引起的。厨师每年必须至少进行一次健康检查，并持健康证上岗，而且要随时进行自我医学观察，及时发现并报告自己患有的可能污染食品的疾病。当厨师观察到自己有下列症状时，应暂停接触直接入口食品的工作或采取相应的防护措施：腹泻，手外伤、烫伤、皮肤湿疹、长疖子，咽喉疼痛，耳、眼、鼻溢液，发热，呕吐。这些症状都暗示存在病原微生物污染食品的可能性，患有上述症状的厨师应及时治疗，痊愈后方可恢复原工作。

3. 食品卫生知识

厨师不仅要有精湛的食品加工技术，还应掌握一定的食品卫生知识。国家规定，厨师必须经过食品卫生知识培训，取得培训证后方可上岗，之后每两年还要接受一次复训。各个岗位的厨师必须掌握岗位卫生要求，并自觉执行。

4. 卫生习惯

(1) 厨师要时刻保持手的清洁卫生,养成勤洗手的好习惯,这对保证餐饮卫生具有重大意义。正确清洗、消毒手的方法是：在水龙头下用水湿润双手后擦上肥皂或皂液,双手反复搓洗,最好用刷子刷指甲,用流动水把泡沫冲净,再用75%的酒精擦拭双手,然后用干手器吹干或自然风干。在下列情况下厨师必须洗手：一是加工直接入口食品前和加工时间过长时,二是处理食品原料后,三是接触与食品加工无关的物品后,四是上厕所后。

(2) 厨师不得留长指甲,不得涂指甲油,加工食品时不得戴戒指和手表。

(3) 厨师加工食品时不得吸烟,更不得面对食品打喷嚏或咳嗽,必须佩戴口罩。这是因为口腔内可能存在的致病性金黄色葡萄球菌可通过打喷嚏或咳嗽污染食品。

(4) 厨师工作时应穿戴洁净的工作服、工作帽,把头发全部置于帽内,以免头发和头皮屑混入食品中。

三、安全知识

安全生产、安全操作是各行业的首要大事,厨房中的安全更不可忽视,厨师每天都要与刀、火、油、电器打交道,哪项不注意都可能造成严重后果。综合来说,在厨房工作时厨师应注意以下几个方面。

1. 厨房油较多,地面较滑,走路时一定慢走、走稳,不在厨房追跑打闹。

2. 刀是厨师工作的辅助工具,是用来加工原料的,不能持刀挥舞，刀用后应放在干净、安全的指定位置（刀架或刀箱）。

3. 使用灶具时首先检查灶具的完好情况，点火时先点着点火棒，将火种放在炉口，再开煤气阀门（即火等气）。操作完毕后务必关闭煤气总阀门。

4. 电器设备应设专人使用，没经过培训的人员不要随意使用电器设备，必要时可找有经验的师傅指导使用，用后需立即断电。

第2单元 原料基础加工

模块一 新鲜蔬菜的基础加工

新鲜蔬菜是人体维生素、矿物质及膳食纤维的主要来源，是烹制菜肴的重要原料，既能作主料，也能作配料。

一、新鲜蔬菜基础加工的质量要求

1. 按照各种原料食用部位的不同，采用不同的加工方法，去掉不能食用的部位。

2. 蔬菜要采用适当的方法洗涤干净，洗去泥沙、虫卵、农药等，确保食品卫生。

3. 蔬菜必须先洗后切，防止营养素流失和被污染。

4. 洗净的蔬菜应放在能沥水的盛器内，摆放整齐，以利于切配加工。

二、新鲜蔬菜的基础加工方法

新鲜蔬菜的基础加工一般要经过削剔和洗涤两个步骤。削剔处理主要是除掉泥沙、杂物及不能食用的部分，而洗涤处理则可根据蔬菜的种类和烹调的具体要求，选择冷水洗涤、热水洗涤、盐水洗涤、碱水洗涤等不同的方法。各类蔬菜的基础加工方法分析如下。

1. 叶菜类原料的基础加工

叶菜是指以叶片和肥嫩的叶柄作为烹调原料的蔬菜，可分为普通叶菜、结球叶菜和香辛叶菜三类。常见的普通叶菜有小白菜、油菜、菠菜等，结球叶菜有大白菜、圆白菜等，香辛叶菜有韭菜、芹菜、茴香、香菜等。

加工方法：剥除老帮、黄叶，再用清水洗涤干净，如菜叶上有虫卵，可用淡盐水浸泡后洗涤。

操作提示：大量叶菜加工时，一定先将叶柄与菜根分开后，再进行洗涤；少量叶菜可以直接冲洗，目的是为了便于切配。

> **小知识**
>
> 在洗涤叶菜时，水中加入适量的盐，可以去除虫卵。

2. 茎菜类原料的基础加工

茎菜是以肥嫩的茎秆和变态茎作为烹调原料的蔬菜，如莴笋、芥蓝、竹笋、大蒜、葱头、慈姑、荸荠、芋头、藕、姜等。

加工方法：削去外皮及老筋后用清水洗净。

操作提示：大蒜剥皮前，可将其放到一个瓶或罐中，然后使劲晃瓶或罐，倒出再剥要方便一些。

3. 根菜类原料的基础加工

根菜是以变老的肥大根部作为烹饪原料的蔬菜，常见的有白萝卜、胡萝卜、山药等。

加工方法：洗去外表的泥沙，用去皮器削去原料外皮，然后用清水洗净，洗涤后应将原料泡于水中防止变色。

操作提示：根菜可用去皮器去皮，也可用钢丝球擦去外皮。

4. 果菜类原料的基础加工

果菜是以果实和幼嫩的种子作为烹调原料的蔬菜，常见的有茄子、番茄、辣椒、黄瓜、西葫芦、冬瓜、嫩蚕豆、毛豆等。

加工方法：用去皮器除去果皮后洗净，如果皮较薄，可用开水烫皮后去皮。加工豆角类原料时，应将两侧的老筋撕去后再用清水洗净。

操作提示：番茄去皮最好的方法是用开水烫一下，这样很容易将皮剥去。

5. 花菜类原料的基础加工

以花作为食用部位的蔬菜种类不多，常见的有西兰花、菜花等。

加工方法：先摘去外叶，用刀削去变色部位，再从菜花连接处分开，放在清水中洗净。

6. 果品原料的基础加工

果品可分为鲜果、干果和蜜饯果脯三类，烹调中常用的有苹果、菠萝、香蕉、红枣、桂圆、栗子、杏脯、桃脯、甜桂花、甜玫瑰等。

加工方法：洗净后，有的果品需要去皮，有的果品要除去核、蕊、子。对于鲜果类，应先用5%洗洁精溶液洗涤后再用清水洗净，以去除果品表面残余农药，然后根据烹调需要去皮、切块等。

> **小知识**
>
> 当前许多企业对新鲜蔬菜的洗涤已不再使用人工,而是直接将原料放在洗菜机中,运用臭氧、微气泡,经过1~2 h的洗涤即可。

模块二 畜肉类原料的基础加工

一、猪肉及其基础加工

猪肉的部位不同,其肉质相差较大。在烹调中,厨师必须能够根据猪肉各部位的性质及用途(见图2-1和表2-1),选择适宜的烹调方法,只有这样才能烹制出符合要求的菜肴。目前烹调中所使用的猪肉大多是已经分好档的,厨师可直接使用。

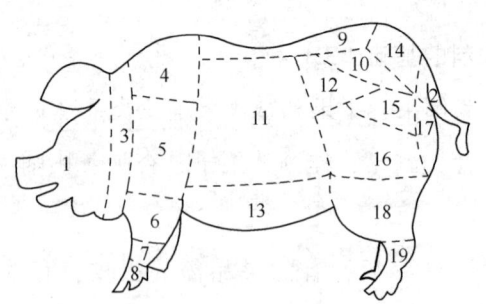

图2-1 猪肉的分档

1—猪头 2—猪尾 3—颈肉 4—肩颈肉 5—夹心肉 6—前臀尖 7—前蹄膀
8—前蹄 9—通脊 10—里脊 11—五花肉 12—腰窝 13—奶脯肉
14—臀尖头 15—仔盖 16—弹子肉 17—底板肉 18—后蹄膀 19—后蹄

表 2-1　　　　　　　　猪肉各部位的性质及用途

部位名称		性质	用途
头尾部分	猪头	由猪舌、猪耳、猪脸和猪脑组成，皮厚，质老，胶质重	整只的猪头适于卤、酱、熏、制冻、烧、扒，如扒猪脸；猪耳可做凉拌菜；猪舌适于卤、酱、烧、扒、烩；猪脑可做烧、烩菜等
	猪尾	皮多肉少，胶质差	适于卤、酱、烧、凉拌
前腿部分	颈肉	俗称血脖、槽头肉，位于耳后部，与肩颈肉和夹心肉相连，肥瘦混合，气管两侧为股状的瘦肉	适于卤、酱、做馅、做腐乳肉等
	肩颈肉	又称上脑，位于前腿两侧，紧连铲子骨（猪肩胛骨）上部，有肥有瘦，瘦中夹肥	适于制作清炒里脊丝、糖醋肉片、咕噜肉、叉烧肉等菜肴
	夹心肉	俗称鬼脸肉，位于肩颈肉的下部，肉质老，盘膜多，吸收水力大	适于制馅、做丸子、卤、酱
	前臀尖	位于前蹄膀上端，肉质肥瘦相间	适于炒、红烧、煮汤、卤、酱等
	前蹄膀	又称前腱子，皮筋多，胶质重	适于烧、扒、煮汤、酱或做肘花等
	前蹄	又称前脚爪，只有皮、筋、骨骼，胶质重，短而肥，质量较后脚爪好	适于红烧、白煮、卤、酱、制冻等
腹肋部分	通脊	在脊骨外面，和脊椎骨平行的一条肉，瘦的叫扁担肉，肉质细嫩，紧连瘦肉的肥膘称为脊膘；通脊肉同脊椎骨连在一起称为大排骨	通脊肉适于滑熘、锅爆、剁肉茸；脊膘可熬油，代替板油使用；大排骨可做红烧大排、糖醋大排等
	里脊	又称黄瓜条，在脊椎里面，是全猪身上最细嫩的瘦肉	适于干炸、软炸、焦熘、抓炒等
	五花肉	又称肋条肉、奶面，位于肋条骨下的板状肉称硬肋或硬五花，硬五花下面的称软五花，肥瘦肉有规则间隔，肥肉层较瘦肉层厚	适于红烧、做扣肉，也适于炖、扒、走油、粉蒸、煮汤等

续表

部位名称		性质	用途
腹肋部分	腰窝	位于里脊下部，上面有板油，中间夹着腰子，瘦肉色白，有肥肉相连	适于做炖肉、片白肉、焖肉
	奶脯肉	位于五花肉的腹部下方，又称肚囊，几乎没有瘦肉，多泡状组织	可作肉、鱼、鸡肉丸子托泥用，香而不化
后腿部分	臀尖头	又称三岔肉、二道通脊、挨打肉，肉质较老，丝缕较长，其上有一层很薄的形如鞋底的肉，俗称鞋底肉	多用于制作回锅肉等
	仔盖	又称臀尖、宝尖肉，形状像扇面，浅红色，肉质嫩	可代替里脊使用
	弹子肉	又名磨裆、肉瓜子，形如扇面，银红色，贴底板处微白，质地细嫩，上面与臀尖头相连处有一块半圆形的肉核，称为和尚头、拳头肉、元宝肉	适于熘炒，可以代替里脊使用
	底板肉	呈长方形，一端厚，一端薄，肉质较老	适于做锅包肉、青酱肉等，在取掉拳头肉、黄瓜条后，底板肉与大块的皮膘相连，所以又称白板
	后蹄髈	又名后肘子，肉质较嫩	适于红烧、红扒等
	后蹄	只有皮、筋、骨，从中抽得的蹄筋涨发力比前蹄好	剥去蹄壳后才可使用，多用于酱、煮、制冻等

 知识链接

猪肉的分档步骤

先扯板油，取腰子和里脊，剔骨后扯下扁担肉，剔出夹筋，再取肩颈，下后腿，最后将各部分按用途进行细分。

二、牛肉及其基础加工

新鲜的牛肉,肉质较为坚实,切面通常呈大理石纹状,肌肉呈棕红色,结缔组织为白色,脂肪为淡黄色,肉带有微香味,烹熟后香味醇厚。牛肉的剔骨和分档大致和猪肉相仿,但有些部位的质量与猪肉有所不同,用途也不一样。牛肉的分档如图2-2所示,各部位的性质及用途见表2-2。

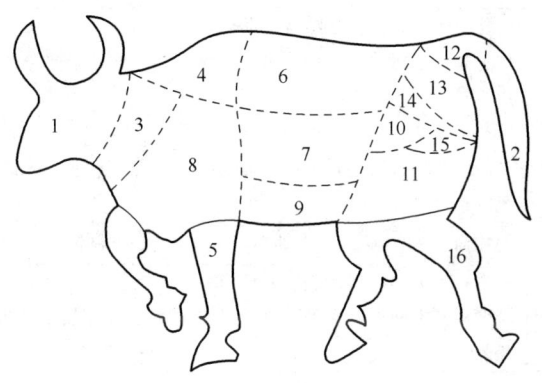

图2-2　牛肉的分档

1—牛头　2—牛尾　3—颈肉　4—上脑　5—前腱子　6—腰脊　7—腑肋

8—胸口　9—白腩　10—腰窝　11—和尚头　12—下仔盖

13—三岔肉　14—黄瓜条　15—上仔盖　16—后腱子

表2-2　　　　　　牛肉各部位的性质及用途

部位名称		性质	用途
头尾部分	牛头	皮骨多而肉少,有瘦有肥	适于卤、炖
	牛尾	骨胶多,肉质鲜美	适于红烧、煲汤
前腿部分	颈肉	牛脖头肉,肉丝混乱,横竖都有,质量较差	可制馅、红烧、煨汤

续表

部位名称		性质	用途
前腿部分	上脑	结缔组织较多，质地坚韧	多用于红烧、炖、煨、制馅等
	前腱子	肉质较老	可作卤、酱之用，如五香牛腱花
腹肋部分	腰脊	又称通脊，位于牛脊部，是牛身上最细嫩的肉。紧接上脑后部，在脊骨两侧的长条肉称外脊，肌肉组织呈斜形且短	可以切丝、切片，通常用于氽、熘、生炒等
	腑肋	位于牛胸肋部，就是贴着胸肋骨的肉，相当于猪的五花肉。肉中结缔组织较多，质地坚韧	一般用于炖、煨、制馅
	胸口	相当于猪的软五花肉，一面是白色的脂肪层，质地较脆；一面是红色的精肉，肉丝较粗	是熘、炒菜肴的好原料
	白腩	相当于猪的拖泥肉，呈带状	适于制馅
	腰窝	白腩上紧连肋肉的肉，外面有一层薄皮，中间夹带白筋，横肉丝且松软	一般多用于炖和制馅，其细嫩部分经加工处理后，也可用于炒菜
后腿部分	和尚头	位于尾根部，肉丝细长，表面有层薄油，肉质较嫩	适于熘、爆、炝炒，是干煸牛肉丝最好的原料
	下仔盖	相当于猪的底板肉，一面贴皮下脂肪，一面贴股骨，肉丝斜而粗，质地较老	适于爆、炒等
	三岔肉	紧贴下仔盖，外有一层筋膜，内有三层筋片，肉色淡，质地较嫩	是爆、炒菜肴的上等原料之一
	黄瓜条	又称里脊，紧贴下仔盖的另一边，它的上面是仔盖（呈长圆形的肉核），色粉红，质地细嫩	适于爆、炒等
	上仔盖	位于黄瓜条下方，同三岔肉相连，质地细嫩	适于爆、炒等
	后腱子	肉质较老	适于红烧、酱、煮等

三、羊肉及其基础加工

羊肉的分档(见图2-3)和用途(见表2-3)大致与牛肉相似。

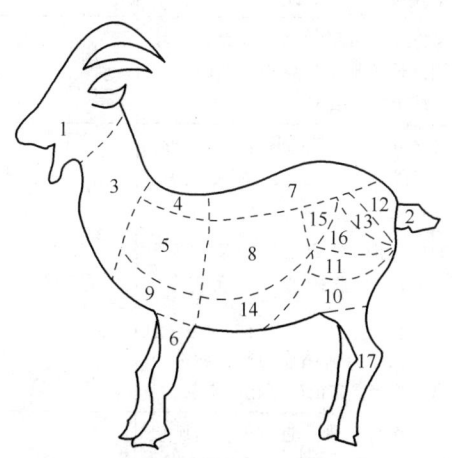

图 2-3 羊肉的分档

1—羊头 2—羊尾 3—颈肉 4—上脑 5—夹心肉 6—前腱子 7—脊背

8—肋条肉 9—前胸 10—燕翅 11—腰窝 12—大三岔 13—磨裆肉

14—白板 15—上仔盖 16—黄瓜条 17—后腱子

表 2-3 　　　　　　羊肉各部位的性质及用途

部位名称		性质	用途
头尾部分	羊头	肉少皮多	可用于白灼和酱制
	羊尾	绵羊尾肥嫩多脂肪,可切成薄片;山羊尾皮多肉肥	可用于氽、涮、炒、炸、拔丝等
前腿部分	颈肉	羊脖子肉,有的地区称短脑,质地较老	适于红烧、卤、酱、炖、煨等
	上脑	位于颈肉后部,紧连肋骨,质嫩	适于烧、熘、炸、炒
	夹心肉	位于肋条下,包着肩胛骨的肉,去其骨,肉有纵横纹路三层,肉精而不肥,质地坚硬	适于卤、酱、煮、炖

续表

部位名称		性质	用途
前腿部分	前腱子	即前腿肉,肉老而脆,纤维较短,肉中夹筋,不易分剔	适于炖、煨、酱制
腹肋部分	脊背	又称外脊或扁担肉,位于脊骨外两侧,长条形,如扁担,外面有皮筋,纤维斜长细嫩	用途很广,可用于涮、烧、炸、熘、爆、炒、氽、煎等
	肋条肉	又名方肉,位于肋骨外,方板形,无筋,外附一层云膜,肥瘦兼有,越肥越嫩	适于烧、扒、爆、炒等
	前胸	形如海带,上部紧贴肋条,直通颈下,肉质肥多瘦少,无夹筋,性脆	适于爆、烤、炖、炒等
	燕翅	肋条肉下,前端连前胸,后端连腰窝,相当于猪的软五花,质老	适于炖、煨等
	腰窝	位于腹部肋骨后近腰处,是肥瘦相间的五花肉,纤维长短纵横不一,肉内夹有三层筋膜,肉质老	适于酱、烧、扒、炖等
后腿部分	大三岔	一端连外脊,一端连羊尾,又名一头沉,上部有一层夹筋,去筋后都是嫩肉	可代替里脊和扁担肉使用
	磨裆肉	又名三岔,位于腰窝后部,上端连小里脊,形状如碗,纤维纵横不一,外面包有筋膜,肉丝粗而松,质嫩	适于爆、炒、烤、涮等
	白板	一端与腰窝相连,紧贴股骨的下面,又下称仔盖,肉质坚硬	适于切肉丝、肉片
	上仔盖	又名宝尖肉,位于后腿里子上,是黄瓜条上面的一块肉,纤维细紧,外有三层夹筋,质地瘦而嫩	可代替里脊使用
	黄瓜条	也称里脊,上下仔盖中间有形如两条相连的黄瓜的肉,一丝横纤维,一丝直纤维,肉色淡红,肉质细嫩,一端微有肥肉,其余都是瘦肉	可用于涮、炒、爆等,烹饪前需去筋膜
	后腱子	即后腿肉,肉质与前腱子相同	与前腱子相同

> **小知识**
>
> 1. 如今家畜分档在屠宰加工过程中已经完成，厨师不用再进行此项工作，但需了解原料各个部位的特点，这也是制作一道完美菜肴的关键。
>
> 2. 在使用过程中一定要仔细观察原料的各个部位，防止不能食用的部位进入菜品，如肉中的淋巴。
>
> 3. 肉质新鲜的标志是色泽鲜红、富有弹性、干爽，油脂部分色泽白、干爽，防止使用腐烂、变质、注水原料。

四、家畜内脏和四肢的基础加工方法

家畜内脏和四肢的基础加工方法主要有里外翻洗法、盐醋搓洗法、刮剥洗涤法、清水漂洗法和灌水冲洗法。有时一种原料的基础加工需要几种方法并用，才能洗涤干净。现将几种基础加工方法举例分述如下。

1. 里外翻洗法

里外翻洗法主要用于肠、肚等内脏的洗涤。例如，洗大肠一般需要先将大肠的一头翻转过来，用手撑开，再在翻转过来的大肠周围灌注清水，大肠在水的压力作用下就会逐渐翻套过去，至里外完全翻转后，就可将附在肠壁上的糟粕和污秽用手扯去或用剪刀剪去，然后再用水反复洗涤。

2. 盐醋搓洗法

盐醋搓洗法主要用于洗涤黏液、污秽较多的原料，如肠、肚等。

3. 刮剥洗涤法

刮剥洗涤法即用刀边刮边洗，主要用于需去掉外皮的污垢、硬毛、硬壳等的原料，如猪头、猪蹄、猪舌、牛舌等。例如，洗猪蹄时，一般用小刀刮去蹄间及表面的污垢和余毛，也可以用镊子拔除、铁器烙去，或直接用火燎去余毛，然后再刮洗；洗猪舌、牛舌时，一般先用开水泡至舌苔发白，再用小刀刮去白苔，洗涤干净。

4. 清水漂洗法

清水漂洗法主要用于家畜的脑、脊髓等原料的基础加工。洗脑或脊髓时，一般应将其放入清水中，用牙签轻轻剔除其外层的血衣、血筋，再轻轻地漂洗干净。

5. 灌水冲洗法

灌水冲洗法即将水灌入原料内部冲洗，主要用于洗涤肺、肠等原料。冲洗肺时，将气管套在自来水龙头上，灌入清水，使肺叶扩张，血液流出，直灌至肺色转白，再割破肺的外膜，洗涤干净。

模块三　家禽类原料的基础加工

各种家禽类原料的基础加工方法基本相同，一般分为宰杀、煺毛、开膛、洗涤、分档、整料出骨等步骤。目前厨师通常不再进行分档取料和整料出骨的操作，而是根据烹调需要直接从市场上购进分档后的各部位原料。但是，对于家禽类原料基础加工的方法，厨师还是有必要了解的。这里主要介绍家禽类原料煺毛、开膛和洗涤的方法。

一、家禽类原料基础加工的质量要求

1. 煺毛时要适当掌握水的温度和烫的时间,主要根据家禽的老嫩来决定,一般较老的家禽烫的时间要长,水温也要高一些,较嫩的家禽烫的时间要短一些,水温略低一些。另外,还要根据品种的不同而异,鸡的煺毛时间要短一些,鸭、鹅就要长一些。

2. 洗涤必须干净彻底,特别是内脏和腹腔。内脏的污秽、腹腔的血污都要反复冲洗,否则会影响成品质量。内脏洗涤后,最好再用盐水浸一浸,才能除去黏污。

3. 注意节约,物尽其用。家禽身上一切东西都有用,鸭鹅羽毛可制作羽绒制品,头脚能做卤味,拆卸的骨头能制汤……所以家禽体内的东西不能随意丢弃,有的看起来小,却能做出好的菜肴。

二、煺毛的方法

1. 鸡的煺毛方法

煺毛前必须把鸡放在热水中烫过,先煺粗毛,后煺细毛。煺毛要掌握技巧,技术熟练的厨师讲究"五把抓",即头颈、背、腹、两腿各一把,鸡毛即可完全煺净。

操作提示:煺毛时所用热水温度应根据季节及鸡的老嫩而异。一般情况下,老鸡宜用沸水,一年左右的鸡宜用 80 ℃左右的热水;冬季毛厚,水的温度可高一些,夏季煺毛,水的温度可低一些,温度过高容易脱皮,影响美观。煺毛用水量要充足,保证将鸡身烫匀、烫透。

2. 鸭、鹅的煺毛方法

鸭、鹅的煺毛方法有温烫和热烫两种。一般老鸭、老鹅宜用热烫，新鸭、新鹅宜用温烫。

温烫的方法是：使用 60~70 ℃ 的水，将鸭、鹅放入水中并保持水温恒定，先顺毛煺翅膀，再倒毛煺颈项，最后煺全身。

热烫的方法是：使用 80~90 ℃ 的水，将鸭、鹅放入水中，用木棍左右搅动，衰毛可自然脱落。此法多用于需煺毛鸭、鹅数量较多的情况。

操作提示：煺毛必须待鸡、鸭完全死去后，即它们的脚不动时才可进行，如脚还在动时就煺毛，则其肉易痉挛，毛不易煺去；但也不能死后时间太长才进行煺毛，如死亡时间太长，毛也不易煺去。

三、开膛的方法

开膛即破肚，目的是取出内脏。对于整鸡（鸭）和零碎肉的鸡（鸭），应采取不同的开膛办法。

1. 整鸡（鸭）的开膛方法

整鸡（鸭）的开膛方法有腹开、肋开和脊开三种，但开膛后都应保持原形。

（1）腹开：适用于一般烹调方法。操作时先在鸡颈与脊椎骨之间开一刀口，取出食包，再在肛门与腹部之间开一长 5~6 cm 的刀口，轻轻拉出内脏，洗净即成。

（2）肋开：在鸡（鸭）的翅膀下开口，然后将内脏取出，拉出食包，洗净即可。此法适用于制作烤鸡（鸭），可使烤时不漏油汁。

（3）脊开：即在脊背处剖开，然后取出内脏和食包，洗净。此法适用于蒸、扒等烹调方法，装盘时整只鸡（鸭）胸脯朝上，看不见裂口，较为美观。

2. 零碎肉鸡（鸭）的开膛方法

对于需用零碎肉的鸡（鸭），开膛比较简单，剖腹取出内脏即可。

操作提示：开膛后，取内脏时当心不要碰破胆囊和肝。因为胆囊碰破后，胆汁流出会影响肉质，使整只原料变味甚至不能使用；而鸡（鸭）肝则是较好的烹调原料。

鸡（鸭）心、鸡（鸭）胗、未成熟的卵都应拣出，洗净待用。传统鲁菜炒鸡杂就是利用鸡内脏这些原料烹制而成的。

> **小知识**
>
> 1. 鸡肺是鸡内脏器官中最脏且不能食用的地方，容易被人忽略。它的位置很隐蔽，在鸡背部腹腔窝洞里，很难被找到。
>
> 2. 鸡尾部，鸡尖上面鸡皮下，有两个小豆，是鸡梳理羽毛时产生油脂的地方，此处分泌大量油脂，有致癌作用，因此必须去除。

四、洗涤的方法

1. 整禽的洗涤方法

对于整禽，除正常冲洗禽身外，还应将易污染、藏污的部分洗涤干净，如口腔、颈、腹腔等处。

操作提示：禽类在宰杀、煺毛、去内脏后，其身体上还会残留很多较细小的绒毛，用手很难清理干净。这时，可用少许酒精（或高度酒）涂抹后点燃，烧去残余的绒毛；也可用镊子一点一点拔净。

2. 家禽内脏的洗涤方法

家禽内脏除食包、气管、食道、胆囊外，一般都可食用，现将各种内脏的洗涤方法分述如下。

（1）鸡（鸭）肫的清洗方法：先割去一段岔肠，然后将鸡（鸭）肫剖开，刮去其中污物，剥去内壁黄皮，洗净待用。

（2）鸡（鸭）肝的清洗方法：肝在开膛时取出，立即摘去上面的胆囊，要注意绝不能将胆扯破，胆破则味苦，无法洗净。

（3）鸡（鸭）肠的清洗方法：先将肠梳理成直条，除去附在肠上的两条白色的油脂，然后用筷子顶住一端向下翻撸，将肠翻好。再用明矾、粗盐等揉去肠壁上的污物黏液，洗净扎好，用开水烫后待用，烫的时间不宜太长，烫久则肉老，嚼不动。

小知识

鸡肠、鸡肝、鸡胗、鸡心、母鸡输卵管、未成形的蛋黄是传统鲁菜炒鸡杂不可缺少的原料。

知识链接

鸡的质量特征的鉴别

活鸡：羽毛光滑、丰满，冠发红，眼睛有神，行动敏捷为好鸡。

肥鸡：胸脯丰满、肉厚，胸骨不突出。

嫩鸡和当年鸡：羽毛紧密，胸骨较软，嘴尖发软，后爪趾平，鸡冠和耳垂为红色，羽毛管软。

隔年鸡：胸骨和嘴尖稍硬，后爪趾尖，鸡冠和耳垂发白，羽毛管硬。

老鸡：皮发红，胸骨硬，爪、趾较长，呈钩形，羽毛管硬。

光鸡：即宰杀后的鸡。皮肉净白、有弹性，脚黄，为新鲜鸡；皮肉发紫、无弹性为不新鲜鸡。

模块四　水产品的基础加工

一、鱼的基础加工

一般而言，鱼的基础加工要经过刮鳞、去鳃、去鳍、取内脏、洗涤等过程。

1. 刮鳞、去鳃、去鳍

鳞一般无食用价值，因质地较硬，须将其刮除。刮鳞时注意不能顺刮，应倒刮，如图2-4所示。

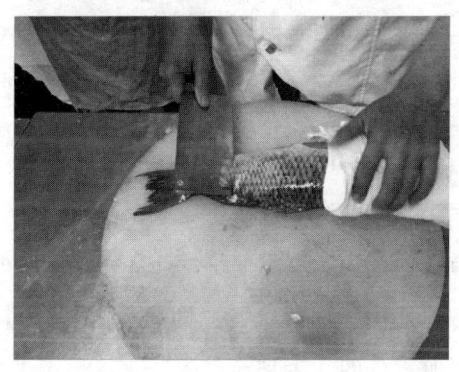

图 2-4　刮鱼鳞

鳃一般用手挖去或用剪刀剪去，鳃内通常会夹杂一些泥沙、异物，应去除干净，如图2-5所示。

鳍用刀斩去或用剪刀剪去即可。

操作提示：鳜鱼、鲤鱼、鲈鱼等背鳍很锋利，必须在刮鳞前把鳍剪去。鳜鱼的鳍有毒，加工时千万不要被扎。

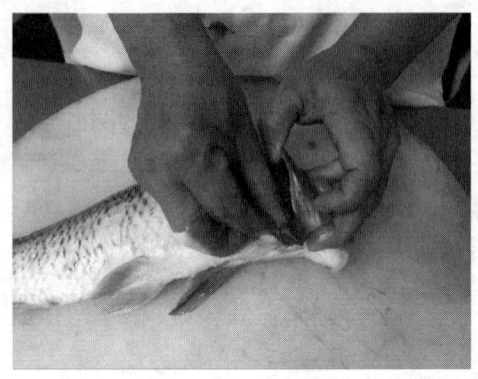

图 2-5 挖鱼鳃

> **小知识**
>
> 1. 有的水产品不需要刮鳞或去鳍，例如，鲥鱼、鳓鱼鳞下多脂肪，味道很鲜美，用作清蒸时，不宜刮鳞；鲫鱼的鳍较软，一般可以不剪。
> 2. 将鱼鳞洗净放在盆里，加水、黄酒、葱、姜，上屉蒸2小时，冷却后是最好的水晶冻。

2. 取内脏

取内脏的方法应视烹调用途而定，通常有以下两种方法。

一是破肚取，适用于一般菜肴，即在肛门与腹鳍之间沿肚皮开一直刀，取出内脏，如图 2-6 所示。

二是不破肚取，为保持整条鱼的形状，可在肛门正中开一横刀，把肠子割断，再用两根竹条（或竹筷）从鱼鳃插入鱼腹内，卷出内脏。

操作提示：取内脏时要小心，不要碰破鱼胆，否则鱼味会变苦。

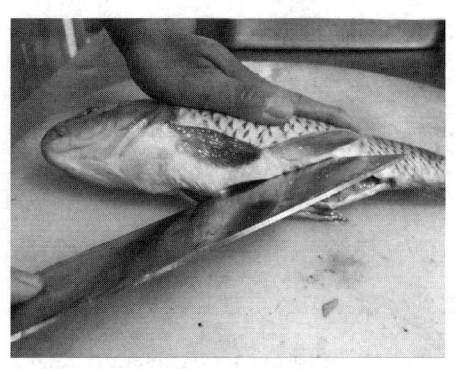

图 2-6 破肚取内脏

> **小知识**
>
> 天热时鱼胆贴近肚皮，天冷时则贴近背部，开膛时应格外小心，一般天冷时由上往下开，天热时由下往上开，以免弄破鱼胆。

3. 洗涤

鱼的腹腔中污血较多，尤其是一些池养鱼，腹腔内有一层黑膜（俗称黑衣），腥味很重，洗涤时应清除干净。

> **知识链接**
>
> 大家在食用鱼时，总感觉鱼腥，让人失去继续食用的兴趣。鱼腥主要是因为鱼外皮上的一层黏膜，去除黏膜很容易，用 80 ℃的热水，将鱼放入、拿出，用刀刃轻轻刮，刮不下去的继续用热水烫，再刮，刮白为止，但不能将鱼皮刮破。

4. 鱼的出肉加工

鱼的出肉加工有两种形式，一种是直接将生鱼去骨、皮而用其净肉，称生出肉；另一种是先将鱼煮熟或蒸熟，再去骨、去皮用净肉，称熟出肉。不同鱼类的出肉加工方法也不同，下面分别介绍。

（1）菱形鱼类的出肉加工。这种鱼肉厚、刺少，适宜出肉加工，如大黄鱼、小黄鱼、黄姑鱼、鲤鱼、鳜鱼等。以黄花鱼为例，将鱼头朝外、腹向左放在菜墩上，左手按着鱼，右手持刀，从背鳍处贴着脊骨，从鳃盖到尾割一刀，再横片进去，将鱼肉全部片下，另一面也如法炮制。然后把两扇鱼肉边缘的余刺去净，最后去掉鱼皮（也有的不去鱼皮）。

（2）扁形鱼类的出肉加工。以扁口鱼为例，将鱼头朝外、腹向左平放在菜墩上，顺鱼的背侧线划一刀直到脊骨，再贴着鱼骨片进去，直到腹部边缘，然后将鱼肉带皮撕下，背部的出肉需两次才能全部取下，再将鱼翻过来，出另一面的肉，方法相同，最后将余刺和皮去掉。

（3）长形鱼类的出肉加工。长形鱼类如海鳗、鳗鲡、黄鳝等，其脊骨多是三棱形的。以黄鳝为例，黄鳝的出肉加工有生出肉和熟出肉两种。

生出肉的操作过程是：将黄鳝宰杀，放尽血后，用左手捏住鱼头，右手将尖刀从颈口处插入，随即紧贴脊椎骨一直向尾部划，划为两条，除去全部脊骨。

熟出肉的操作过程是：将烫死的黄鳝进行"划鳝"操作。"划鳝"有划"双背"和"单背"之分。所谓划"双背"，就是将黄鳝划成鱼腹一条，鱼背一条；所谓"单背"，就是将黄鳝划成鱼腹一条，鱼背两条。

因黄鳝的骨骼是三角形的，所以一般都是顺骨骼划三刀。先划鱼腹，将鱼头向左，尾向右，腹向里，背向外，放在案板上。左手握住鱼头，并用大拇指压颈下骨处，撬开一个可以看到鱼骨的缺口；右手将划刀竖直，从缺口处贴骨插入，透过肉碰到案板。这时，用大拇指和食指捏住划刀，后三指扶牢鱼背，用力把刀向尾部划去，使背部一侧的肉与骨分离。然后将鱼翻一个身，用相同方法将另一半背部的肉与骨分开。这样，整个背部肌肉连在一起的一条"双背"就划下来了。划"单背"的方法较简单，就是在划的时候，将鱼背部肌肉的中间处划断，从而把鳝背划成两条背肉。

操作提示：黄鳝的骨头不要丢弃，可用于提取鲜汤；其苦胆紧贴在脊背腹腔上，加工时请注意。

 知识链接

鱼的基础加工原则

对于鱼的基础加工来说，采用什么方法要根据鱼的品种和烹调用途确定，不能一概而论。但总的来说，应注意以下几个原则：

1. 应注意营养卫生。例如，洗涤时必须出尽血水，洗净污秽，以免影响卫生。

2. 应注意规格质量。例如，鱼腹的黏膜黑衣必须除尽，否则有腥气；鱼胆不可挖破，挖破后胆汁沾在鱼腹内，鱼肉会发苦。

3. 应注意合理使用各部分原料。比较大的鱼应注意分档取料，合理使用。例如，黄鱼腹中的鱼鳔可取出制鱼肚；青鱼头尾可红烧，鱼腹可以做红烧肚裆，鱼肝可做秃肺；等等。

4. 应坚持节约的原则。必须节约使用原料，如鱼的出骨必须尽量使骨上不带鱼肉，下脚料要善于利用，一般鱼头、鱼尾、鱼骨都要充分利用，切不可将原料或下脚料随便丢弃，造成浪费。

前面所述是适用于一般鱼类的基础加工方法，除此之外，对某些鱼还需做特殊处理。例如，加工鲨鱼时，去鳃、剖腹取内脏前需做褪沙处理（先用开水烫，然后用稻草等物揩擦，褪去沙粒）；加工橡皮鱼时，应剥去外皮后去除内脏和头，再冲洗干净。

> **小知识**
>
> 新鲜鱼的特征是鱼眼突起，清晰明亮，鳃盖紧密，轮层明显；鱼体表面有一层滑润的黏液，肉质坚实有弹性，有腥鲜气味。

二、虾的基础加工

饮食业中常用的虾有海虾和河虾两类，海虾有对虾、虾钱（未成熟的对虾）等，河虾有青虾、草虾等。

1. 海虾的基础加工

海虾的基础加工方法视其用途而定。需要带皮用的（行业内称带盔甲），先剪去虾脚，再剪去虾枪，去除头部沙包，剪开背部去虾线，洗净即可；如仅用虾肉，剥壳后用牙签去除虾线，洗净即可。

2. 河虾的基础加工

河虾的基础加工方法也视其用途而定。带皮使用的，如做油爆虾等，剪去虾脚及头部沙包，洗净即可。如用虾仁，一般采用挤的方法，较大的虾则用剥的方法较好。挤虾仁的方法是：一手捏住虾的头部，另一手捏住尾部，将虾肉向背颈一挤，虾肉即脱壳而出。挤出的虾肉，只有虾身，没有虾头，故称虾仁。虾仁挤出后，应用牙签去除虾线，再用清水加盐洗净，沥干存放于冰箱中待用。

> **小知识**
>
> 新鲜虾的特征是虾体完整，有一定弯曲度，呈青白色或青绿色，肉质坚实、细嫩、有弹性。

三、蟹的基础加工

蟹的类别不多，产于海中的称为海蟹，产于江、河、湖的统称为河蟹。蟹肉质软、鲜嫩，蟹黄味特别鲜美。海蟹壳呈枣核形，河蟹壳呈扁圆形，均八只脚，一对螯，团脐是雌的，尖脐是雄的，团脐个小黄多，尖脐个大黄少。一般海蟹的品质和滋味不如河蟹。

1. 清洗

海蟹的清洗：用竹筷削尖戳进脐上胃部将蟹杀死，然后用硬刷子将其刷洗干净。有时也可以不将其杀死，扳下蟹螯，直接刷洗。

河蟹的清洗：用刷子将蟹刷洗干净，去掉腹脐后再清洗干净，如蒸食要用绳捆住不让其爬动，以免掉脚和流黄。

2. 出肉

出蟹肉也称出蟹粉，应将蟹煮或蒸至蟹壳呈红色后取出。蟹的出肉分腿、螯、脐、身四个部位。

（1）出腿肉：蟹肚朝上，头朝外，用手向前扳下蟹腿，捏住两头，两手紧密配合，连挤带拉把腿肉取出（也有的是将蟹腿剪去两头，用擀面棍压滚，即可挤出蟹肉）

（2）出螯肉：扳下蟹螯，先用刀猛拍破壳，再剥壳，肉即取出。

（3）出蟹黄：先扳下蟹脐，挖下小黄，再剥去蟹斗（蟹的背甲），挖出蟹黄。

（4）出身肉：整只蟹除去腿、螯、背脐后，即为蟹身，用刀将身片开，再用尖头刀或竹签剔出蟹肉。

> **小知识**
>
> 死河蟹多变质有毒，不宜食用。

> **知识链接**
>
> 鉴别肥蟹的方法
>
> 一是用手捏腿，捏不动的是肥蟹；二是看蟹壳离缝大小，离缝大的为肥蟹。

模块五　常用干货的基础加工

一、植物性海味干料的基础加工

1. 石花菜

石花菜属海藻中的红藻类，食用时，先用温水浸泡石花菜，一般水温为 40~50 ℃。水温过低所发石花菜太硬，水温过高则石花菜会融化。浸泡好后，用清水冲洗干净备用。

2. 紫菜

紫菜以质嫩、色深紫、身干、无杂质为好，一般用来做汤，不用提前加工发制，吃时用开水冲沏即可。

3. 葛仙米

除去葛仙米基部杂质,用水浸软稍煮即可食用,常用于川菜甜羹。

4. 海带

海带放入锅中蒸制 30 min 后取出,然后放在温水中浸泡,待其发透即可使用,常用于拌菜、汤菜。

5. 冻粉

冻粉又称琼脂,用凉水泡软即可使用,常用于做凉拌菜。现在也常常把冻粉蒸化后,用于冷菜工艺拼摆及热菜工艺菜中。

6. 粉丝

将粉丝放入 80 ℃的热水中浸泡 15 min 左右,至完全发透即可使用。需要注意的是,粉丝不宜浸泡时间过长,以免泡糟、泡烂。

7. 腐竹

腐竹由制豆腐时豆浆上漂浮的油皮干制而成,发制腐竹时一般将腐竹浸泡在 50 ℃水中约 30 min,然后冲洗干净。

8. 油皮

油皮是没有卷制的腐竹,发制时水温不宜过高,一般掌握在 40~50 ℃即可,泡制时间在 10 min 左右。

二、陆生植物性干料的基础加工

1. 黄花

黄花又称金针菜,适宜做汤菜或配菜,荤素皆宜。质量好的黄花,颜色金黄、有光泽、味香、身干、无虫蛀、霉烂、无蒂柄杂质、无烟味。泡发黄花的方法为:用水浸泡膨胀,去其花蒂即可。

2. 玉兰片

玉兰片烹制前，需经水发制。发制时先用水浸泡 10 h，然后放入锅内用小火煮制 10 min（最好用米汤煮），再装进容器中浸泡，去其质老部分后待用。

3. 笋干

发制笋干，应先用淘米水洗净，然后用开水煮沸，加热几次后即可发透，再用开水浸漂备用，夏天应多加热几次。

4. 莲子

将莲子置于木桶内，加入纯碱粉，冲入开水，用刷把迅速戳打去皮。然后捞出用水清洗，去其碱味，盛于容器内上笼略蒸，取出后用竹签捅去莲心，再换清水上笼蒸熟备用。净莲洗净后可直接发制。

5. 白果

白果食用前，应去掉外壳，取出果仁，放入开水内略煮，捞出置于洁净白布内，用手搓去外皮，切去两头，取出果芯，再上笼用旺火蒸 10 min 左右，取出后用开水浸泡备用。注意已有灰霉者，其仁已变质，不宜食用。

6. 百合

先用开水焖泡，待涨发后，择去杂质，漂洗干净备用。

三、陆生藻类及菌类干料的基础加工

1. 蘑菇

蘑菇是干菜中的大类品种，生产地区分布广阔，一般北方称蘑，南方称菇，在植物学上属于食用真菌。常见入烹的蘑菇有以下几种。

（1）香菇：涨发前，应去掉杂质，用冷水浸泡后，洗掉泥沙，再用少许清水加入黄酒、葱、姜，蒸 1 h，连同原汁一并使用。

（2）口蘑：先用冷水浸泡 10 h，然后洗去顶盖和柄上的泥沙，去掉蘑根后淘洗干净，放入温水中浸泡，连同原汁一并使用。

2. 干杂菌

先用开水浸泡，去根，除杂质，淘洗干净后即可使用。

3. 竹荪

先用开水浸泡，然后捞入温水中，用手去掉黑点和杂质，再置于开水内备用。

4. 虫草

用水洗去泥沙，用温水稍浸泡即可使用。

5. 黑白木耳

白木耳（又称银耳）、黑木耳都可以用冷水直接浸泡发透。把木耳放入盛器中注入冷水，数小时后即可自然膨胀发透，随即择掉根蒂，除去杂质，洗净泥沙，换上清水浸泡备用。如果为了节省时间，可用温水泡发，以加快涨发速度。

四、水产品干货的基础加工

1. 海参

海参品种很多，常见的有梅花参、灰参、黄玉参、茄参、乌参、岩参等，涨发方法都是水发，急等用时可采用油发。水发海参最简单的方法是：将海参放到大口暖瓶中，加入烧开的纯净水，盖盖焖 14~16 h，焖好的取出，不行的继续焖。

传统水发海参的方法，可依原料性质的差异而不同。例如，皮薄柔嫩的乌条参、花瓶参等可用少煮多泡的方法，先用开水将海参泡12 h，换一次开水；浸泡回软后，将腹部剖开，取出腹腔内韧带（即通常所称的海参肠子，其实肠子在海参干制时已取出，涨发时取出的是在腹腔内的几条韧带），放入开水锅慢火焖半小时，再泡12 h；另换水烧开后，继续放在开水中浸泡，这样2~3天即可发好。

外皮坚硬，肉质较厚的大乌参、岩参、灰参等，仅用水发是不能发透的，应先把这种海参放入火中将外皮烧焦后刮去，刮至可见深褐色的肉质为止；然后放入冷水中浸泡两天，使其回软，再放入冷水锅煮开；烧开后保持适当温度（70~80 ℃）焖2 h，取出开腹去掉腹腔内韧带，再用冷水浸泡12 h；然后换清水烧开，焖1~2 h（根据海参的质量和大小，可增加或减少煮焖的时间和次数），直至海参软糯发颤，捞出换清水浸泡备用。

在涨发的过程中要经常检查，既要防止发不透，也要防止发得过于软烂。可陆续将发好的海参挑出浸泡于清水备用。

皮薄肉厚的明玉参、秃参、黄玉参等，可采用勤煮多泡的方法，即煮的时间不要太长，水烧开后即端锅离开火源，泡的时间要长，最好能保持恒温；开腹取出韧带后，换水再烧开后焖泡12 h，这样反复多次，一般即可发透。

如果海参需当天发当天用，可将用水发到一定程度的海参放入锅内，加入汤水（要多一点）和葱、姜、花椒、酱油、生鸡鸭骨架或烧鸭骨架，烧开后离开火，焖4~6 h（至涨发透为度）；焖透后捞出，将海参腹部开口处朝下放在煮筛上凉透。这种发料方法，涨发率低，但质量高，可以当天发，当天用。

> **小知识**
>
> 海参泡发最怕油、铁、盐,海参遇油易化,遇铁变色,遇盐发不透。用暖壶发海参,注意海参不能太粗,应根据海参的大小,适当地加减焖制时间。

2. 鲍鱼

鲍鱼主要分国产、进口两类。国产的个头小一些,进口的一般个头大。但不论大小,鲍鱼涨发的方法是一样的。首先用清水将鲍鱼泡 12 h,然后上火煮开 10 min,下火焖 24 h,重复进行 4 h。再在水里加棒骨、排骨、整鸡、火腿、鲍鱼上火煮,开火去沫,煮 10 min,离火焖 24 h,重复进行 3 天,发至鲍鱼里外柔软即可。

3. 鱼肚

鱼肚质量最好的是广肚,现在基本买不到了,差一点的是敏肚,最差的是提片。鱼肚的涨发是油发,油发就是锅里倒入大量油,将要发的鱼肚放在油中,小火慢慢加热,炸至鱼肚里外完全涨发蓬松即可。

> **小知识**
>
> 涨发前一定检查鱼肚是否干透,干透的鱼肚才可以涨发,没干透的鱼肚是涨发不好的。

4. 干贝

涨发干贝的过程是:洗涤—蒸制—得半成品。将干贝洗净放入容器中,加入清水和葱、姜、黄酒,蒸 1~2 h,取出放凉,除去老皮外筋。其外形完整不烂，手能捻成丝状即为发好。蒸时也可只加清水，但涨发质量不如上述方法。涨发干贝的原汤，味极鲜美，可用作鲜汤。

> **知识链接**
>
> **干货原料涨发前和涨发中应注意的问题**
>
> 1. 要注意原料的产地和性能。不同地区的同一原料，其质量有老、嫩、优、劣之分，发料前要善于鉴别选择，发料中应根据原料性能，注意方法和时间。
>
> 2. 要熟练掌握操作过程中的各个环节。水发中的浸、滚、焖、漂，油发中的油氽、水泡、漂清等都是发料中必不可少的环节。每一环节都必须稳妥掌握时间和火候。同时还要注意气候变化，夏季对涨发原料要勤检查、勤换水，保持水的清洁，防止原料腐烂变质。

第3单元 切配训练

原料经过基础加工后，一般不能直接用于烹调，还要经过进一步的加工，即切配。切配是菜肴定质、定量、定形的阶段，在菜肴烹调技术中占有极其重要的地位，对成品菜肴的色、香、味、形等均起着重要的作用。

切配包括刀工和配菜两个方面，厨师首先要根据食用和烹调要求对菜肴的构成进行设计，再将设计实现，即通过刀工把原料加工成一定的形状，然后进行必要的安排和搭配，以备烹调。切和配是密不可分的，在实践中往往由一个人来操作。

模块一 刀工训练

刀工是厨师必须熟练掌握的基本功，能否善于运用各种刀法技巧使菜肴锦上添花，反映了一名厨师的技术水平。

一、刀工处理的工具

刀工处理的工具主要有刀具和菜墩。厨师必须熟悉这些工具，并能正确使用和保养它们。

1. 刀具的种类

刀具的种类很多，按其用途可分为片刀、斩刀及前片后斩刀等。

（1）片刀（见图3-1a）。片刀又称薄刀，重约500 g，轻而薄，刀刃锋利，适于切薄片或精细的原料，如鸡丝、火腿片、肉片等，不可切带骨或坚硬的原料。

（2）斩刀（见图3-1b）。斩刀又称砍刀、骨刀、厚刀，重1 000 g以上，背厚，背与刀口呈三角形，专门用于斩带骨或坚硬的原料。

（3）前片后斩刀（见图3-1c）。前片后斩刀又称文武刀，重500~1 000 g，前部近于片刀，后部近于斩刀，适用范围较广。前面可以切或片精细的原料，后面可以斩带骨的原料，但只能斩小骨，如鸡、鸭、鱼、兔等，不能斩较大的硬骨。一般刀法用此种刀都能应付。

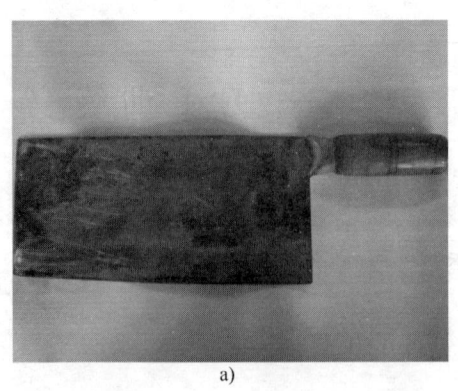

a)

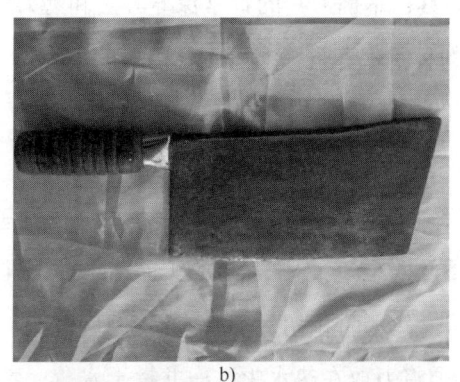

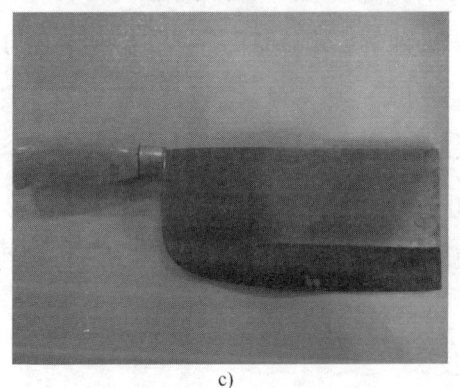

图 3-1 刀具的种类

a)片刀　b)斩刀　c)前片后斩刀

除上述刀具外，还有一些专用刀，如片烤鸭用的片刀、片羊肉片用的片刀、剁馅用的方刀、剔肉用的牛耳尖刀、雕刻食品用的雕刻刀等，在此不一一论述。

2. **刀具的保养**

刀具必须保持锋利，才能使刀工处理后的原料整齐、均匀、美观，避免连刀。因此，作为一名厨师，不仅要正确使用刀具，还要懂得如何保养刀具，掌握刀具的日常保养方法和磨刀技术。

（1）刀具的日常保养方法

1）根据刀的形状和用途，使用正确的磨刀方法，保持刀的锋利和光亮。

2）刀工操作时要仔细谨慎、爱护刀刃。片刀不宜斩砍，前片后斩刀不宜斩大骨。要合理使用刀刃，以断开原料为准，落刀若遇到阻力，不应强行操作，防止伤到手指或损坏刀刃。

3）用后必须将刀放在热水中洗净并擦干水分，特别是切咸味的或黏性的原料，如咸菜、藕、茭白等，切后黏附在刀两侧的鞣酸容易氧化而使刀面发黑。

4）切咸味原料后或刀面潮湿时刀具容易生锈，因此每天用后要擦干刀面，最好在刀面涂一层油，防止生锈。

5）刀具使用后，必须放在刀架上，刀刃不可碰到硬的东西，避免损坏刀口。

（2）磨刀技术

磨刀的工具有粗磨刀石和细磨刀石两种，前者主要成分是黄沙，质地较粗；后者主要成分是青沙，质地较细，容易将刀磨快。一般用粗磨刀石开刃或磨刀膛、缺口等，待磨出锋口后再在细磨刀石上磨好锋刃。具体方法如下：

1）把刀用热水洗净后擦干，冬季刀的温度低，油污不易擦净，需用沸水烫或用碱水刷洗。

2）磨刀石要放在磨刀架上，如没有磨刀架就放在案子上或砖台上，下面垫一块抹布，防止磨刀石滑动。

3）磨刀石要前面略低，中间略高，如不符合要求，必须斩平，或在水泥地上磨成前低中高的式样。

4) 磨刀姿势：两脚分开，一前一后站稳，胸部略向前倾，右手执刀，左手按在刀面上，刀背朝身侧并略翘起 3 mm 左右，以免磨损刀背，刀刃向外，左手按得重一些，以免脱手造成事故。

5) 片刀最好用细磨刀石磨，磨时刀背略翘起 2 mm 左右；斩刀需要先在粗磨刀石上磨，磨出锋口后，再在细磨刀石上磨，磨时刀背略翘起 3 mm 左右；前片后斩刀只能在油石上磨，磨时刀的前部刀背约翘起 2 mm 左右，后部刀背约翘起 3 mm 左右。

6) 开始磨刀时，刀面和磨刀石上都要淋水，刀刃要紧贴石面，磨得发黏时，要再次淋水，前、中、后部都要均匀地磨到，两手要用力均匀，必须把刀刃推过磨刀石顶端，以磨到刀膛为宜；正反两面磨的次数要相等，才能使磨后的刀面保持平直。

 知识链接

刀刃的检验方法

视检法：将磨后的刀擦干净，刃向上，如刀刃发青、无白色光泽即已磨快。

触检法：一是用大拇指指肚刮摸刀刃，如手指觉得好像被割开一样，就是刀锋利的象征，反之，手指触到刀刃无被割感觉，而是一滑即过，就表明刀未磨好；二是用大拇指指甲在刀刃上拉划，如有发滞的感觉，表明刀已磨快，如觉得光滑还要继续磨。

切检法：将磨后的刀洗净擦干，直切棉花或抹布，如一切即断，证明已磨好。

3. 菜墩的使用和保养

菜墩,又称砧墩、剁墩、砧板,是对原料进行刀工操作的衬垫工具,它对刀工起到重要的辅助作用。菜墩质量的优劣关系着刀工技术能否正确施展,而且用菜墩可以保护案板,不使案板受损。菜墩的木质有直纹缕和横纹缕之分,使用前者刀刃不易钝,后者易伤刀刃。

(1) 菜墩的使用

1) 使用菜墩时,不可专切一处,应四面旋转使用,以免造成墩面凹凸不平(墩面凹凸不平时,切片不会均匀整齐,并有连刀现象)。如发现墩面凹凸不平,可用铁刨轻轻刨除凸起的部分或用刀砍平,保持墩面平滑。

2) 使用时,应该把切生料的菜墩和切熟料的菜墩分开,防止细菌传染。

3) 切熟料时,不同品种、不同色泽、有卤汁与无卤汁的原料,均应分开切,不可混在一起。一种原料切好后,须用刀刮除菜墩上的卤汁、油水和污秽,用清洁布擦净后再切其他原料。

4) 菜墩表面不可留有油污,若有,加工原料时容易滑动,既不好操作,又容易伤人,还影响卫生。

(2) 菜墩的保养

1) 新菜墩买进后,可用盐水洗,也可将盐涂在菜墩表面,或将其浸在盐卤中,使菜墩的木质收缩,这样菜墩会更为结实、耐用。

2) 菜墩使用完毕后应刮洗干净,用洁布罩好,竖起吹干水分。

知识链接

菜墩的鉴别

最好的菜墩是用橄榄树或银杏树（白果树）做的，这两种木材质地坚密耐用，其次是皂荚树、榆树、红柳树等。

选择菜墩时要注意树皮的完整性，且树心不烂、无结疤，同时要注意观察菜墩的颜色。如墩面呈青色，且颜色一致，说明菜墩是活树砍下制成的，质量好；如墩面呈灰暗色或有斑点，说明菜墩是树死后隔了较长时间制成的，质量差。

二、刀工操作

在烹调技术中，刀工是比较细致且劳动强度较高的手工操作。厨师在操作时要敢于实践、胆大心细，练习时要扎扎实实、勤学苦练、谦虚谨慎、不好高骛远，平时要注意体格的锻炼，以保持健康的身体和耐久的臂力、腕力，这些是刀工操作的基础。

1. 刀工操作的基本姿势

（1）操作时，身体与菜墩应保持一定距离，站立自然，上身略前倾，前胸稍挺直，不要斜身斜肩和弯腰驼背，如图3-2所示。

（2）切时两脚呈丁字形，仿佛稍息，一脚向前半步，疲劳时可以换脚；剁时两脚成八字形，适当分开。

图3-2 刀工操作的基本姿势

（3）一般均以右手握刀，握刀的部位要适中，拇指与食指捏住刀箍，以全手的力量捏住刀柄，如图3-3所示。握刀操作时，手腕要灵活有力，左手控制原料，使原料在操作时平稳不移动，便于落刀。

图3-3　正确的握刀方法

操作提示：操作时左手持物要稳，右手落刀要准，两手应紧密而有节奏地配合。应用左手中指的第一关节抵住刀身，这样做既可以控制切出来的原料的薄厚和粗细，又可以防止切伤手指。控制原料的正确手法如图3-4所示。

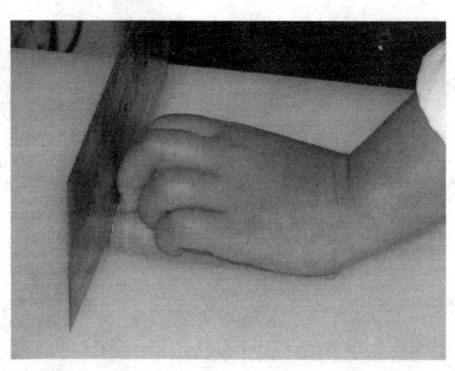

a)

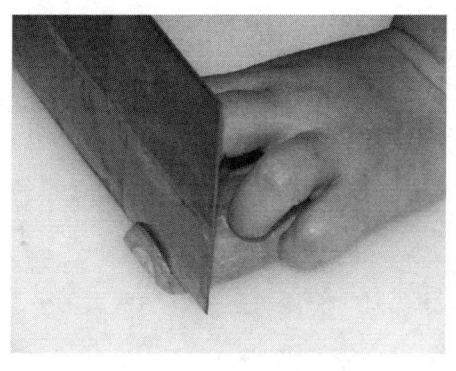

b)

图 3-4 控制原料的正确手法

2. 刀工操作的基本要求

（1）必须整齐划一。即粗细均匀、大小相等，这样才能使烹制出来的菜肴达到色、香、味、形俱佳的要求；反之，不但菜肴形态杂乱，严重影响口味，而且影响成熟度。

（2）必须清爽利落，不可相互连接。条与条之间、丝与丝之间或块与块之间必须截然分开，不可藕断丝连，似断未断，相互粘在一起，以免影响菜肴的美观和原料的入味或成熟度。

操作提示：要想达到清爽利落的目的，刀刃必须没有缺口；菜墩必须平整，不可凹凸不平；操作时必须用力均匀，不可前重后轻。

（3）必须物尽其用。合理使用原料是贯穿整个烹调过程的一条重要原则。刀工应做到用料有计划，量材使用，不浪费原料，特别是改大小时，落刀前要心中有数，使大、小原料都能得到充分利用。

3. 刀工操作前的准备工作

（1）操作前要把刀具准备好，刀刃要锋利，菜墩要保持平稳，高低要适当。

(2) 操作时放在案板或菜墩上的多种原料,要有条不紊,一般应按品种不同分别堆放未切过的和已切好的原料。

(3) 要经常注意菜墩上下、四周与刀的清洁卫生,加工生料用的与加工熟料用的各种刀具、设备需要分开放置,不能滥用。

4. 刀法

从广义上来讲,刀法大体可分为三类:第一类是在初步加工时所运用的刀法,如劈、砍;第二类是在原料细加工时所运用的刀法,如切、片;第三类是美化原料的刀法,适用于做宴席、食品雕刻等。下面着重说明原料细加工时所用的切、片、剁、剞刀法。

(1) 切。切适用于无骨原料,施刀方法垂直,技术性强。根据原料性质和烹调要求,又有直切、推切、拉切、锯切、铡切、滚刀切之分,下面分别叙述。

1) 直切(见图3-5)。直切又称跳切,一般用于切脆性原料,如笋、白菜、萝卜、薯类等。其刀法为:左手按稳原料,右手握刀。切时,垂直下刀,不向外推也不向里拉,一刀一刀笔直地切下去。

图3-5 直切

直切的要求：第一，左右手必须有节奏地配合；第二，左手中指关节抵住刀身向后移，每次后移的距离应保持相等，不能忽宽忽窄，以免切成的形状不整齐、不均匀；第三，右手握刀，运用腕力，下刀要直，不能偏里偏外；第四，按稳原料，落刀时原料本身不能移动。

2) 推切与拉切

①推切。推切（见图3-6a）用于质地松软的原料，这些原料如采用直切，容易碎裂或散开。其刀法为：施刀时刀与原料垂直，切时刀由后向前推，着力点在刀的后端，一刀推到底，不可再拉回来。

②拉切。拉切（见图3-6b）用于切韧性较强的原料，因为韧性

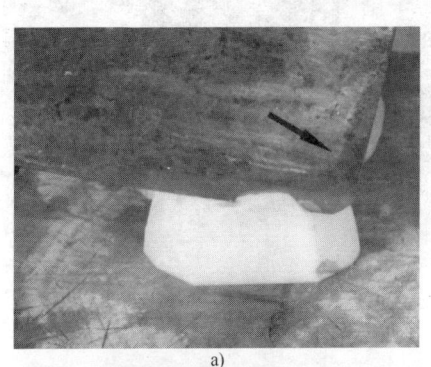

a)

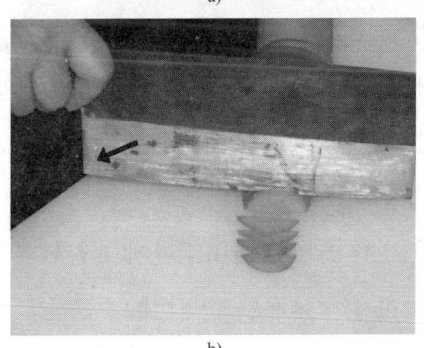

b)

图 3-6 推切与拉切
a) 推切 b) 拉切

较强的原料筋比较多，用直切或推切均不易切断。其刀法为：施刀时刀与原料垂直，切时刀由前向后拉，而且要虚推实拉，着力点在刀的前端，一刀拉到底。

3）锯切（见图3-7）。锯切又称推拉切，多用于质地坚硬、较厚、无骨而有韧性的原料或是质地松软易碎的原料。其刀法为：刀与原料垂直，切时先将刀向前推，然后向后拉，这样一推一拉，像拉锯一样切下去，故名锯切。

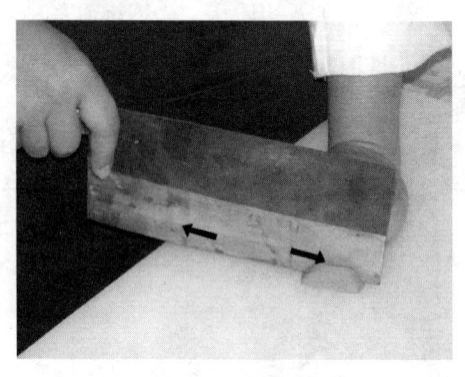

图3-7　锯切

锯切的要求：首先，刀要前推后拉缓缓下切，落刀不能过快，但要笔直，不能偏里或偏外；其次，落刀时用力不要过重，可以轻轻拉锯数下，待刀切入原料约50%时再用力切下去；锯切时，将原料按稳，原料不能移动。

4）铡切（见图3-8）。铡切用于处理带有软骨、细小骨头或是体小、形圆、易滑的生、熟原料。铡切的方法主要有两种：一种是右手握住刀柄，左手按住刀背前端，两手平衡用力，压切下去，如图3-8a所示；另一种是右手握住刀柄，左手按住刀背前端，两手交替用力切下去,如图 3-8b 所示。

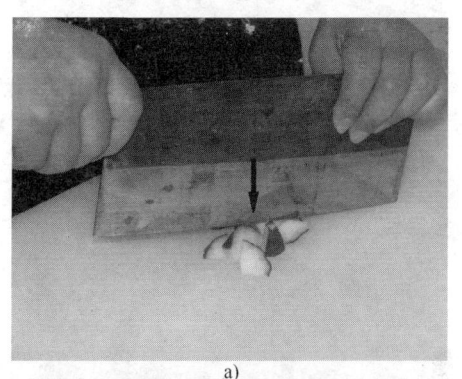

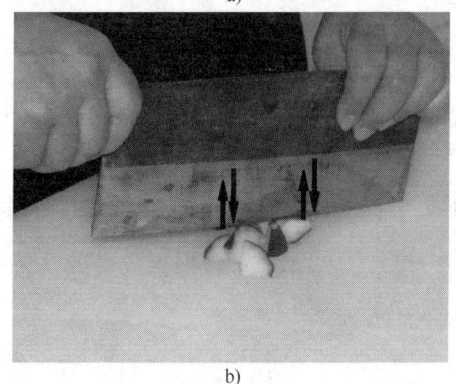

图 3-8 铡切

a) 双手平衡用力 b) 双手交替用力

铡切的要求:铡切时要将刀对准要切的部位,并使原料不能移动,操作要敏捷,用力要均匀,不使原料的汁液流动。

5) 滚刀切 (见图 3-9)。滚刀切用于切圆形或椭圆形且脆性的蔬菜等原料,如萝卜、土豆、山药、苹果等。其刀法为:每切 1~2 刀即将原料滚动一次再切。

滚刀切的要求:左手控制原料的斜度,右手的刀跟着原料滚动,

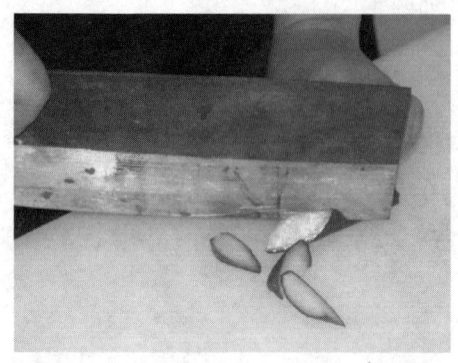

图 3-9 滚刀切

掌握一定的斜度切下去,不能有大有小。这种刀法可以切出多种多样的块,如剪刀块、棱角块、梳背块等。

不论采用哪种刀法,操作时通常都要注意:对韧性原料要切得薄而细,以便于咀嚼;对质地松散的原料要切得厚而粗,这样可以避免碎烂;对有纤维纹路的原料,要根据它们的性质不同采取顺切、横切或斜切三种不同方向的刀法。

(2)片。片又称批,主要用于处理无骨的韧性原料和软性原料,或者是煮熟回软的动物性原料和植物性原料,即用片刀或小方刀把原料片成薄片,施刀时一般都是将刀身放平或斜着进行工作。由于原料性质不同,片的方法也各有差异,可分为推刀片、拉刀片、斜刀片、反刀片、锯刀片和抖刀片六种片的技法。

1)推刀片(见图 3-10)。推刀片多用于熟料及脆性原料。其刀法为:左手按稳原料,右手握刀,放平刀身,使刀身与墩面近似平行,刀从原料的右侧片进后,向外移推刀的前端,刀的后端略微提高,以控制所要求的薄厚,左手按稳原料,但不能按得太重,以原料在片时不移动为宜,随着刀的片进,左手手指稍跷起,用掌心按住原料。

图 3-10　推刀片

2) 拉刀片(见图 3-11)。拉刀片多用于韧性原料,如鸡片、对虾、肉片等。其刀法为:放平刀身,先将刀的后端片进原料,然后向回拉刀,拉刀片的要求基本上与推刀片相同,只是刀片进原料后的运动方向相反。

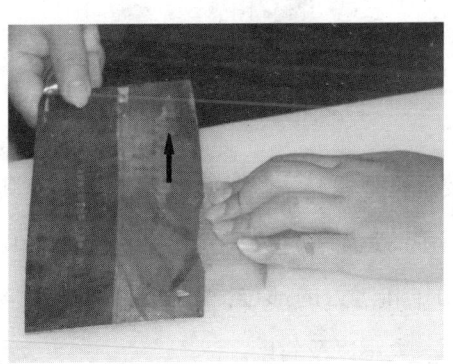

图 3-11　拉刀片

3) 斜刀片（见图3-12）。斜刀片又称坡刀片或抹刀片，通常用于质地松而脆性的原料，海参片、肉片、鱼片、鱿鱼、鱼肚、玉兰片等均采用这种刀法。其刀法为：左手按稳原料左端，右手握刀，刀背翘起，刀刃向左、角度略斜片进原料，从原料表面靠近左手的部位向左下方运动。由于刀身以倾斜角度片进原料，片成的片或块的面积会较其原来的横切面大些，而且呈斜状。

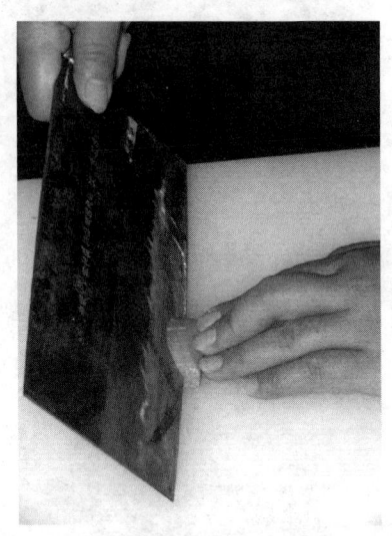

图3-12　斜刀片（拉刀剞）

斜刀片的要求：把原料平稳地放在菜墩上，使其不移动，左手按稳原料，与右手的运动有节奏地配合，一刀一刀片下去，依靠眼力注视两手的动作和落刀的部位，以及右手对刀运动方向的控制，掌握成片的薄厚、大小以及斜度。

4) 反刀片（见图3-13）。反刀片通常用于脆性易滑动的原料。其刀法为：刀背向身，刀刃向外，利用刀刃的前半部分工作，使刀身与菜墩成一定斜度,刀片进原料后由里向外运动。

图 3-13 反刀片(推刀剖)

反刀片的要求:左手按稳原料,并以左手中指的第一关节抵住刀身,右手握刀,紧贴左手中指关节片进原料,左手每次向后移动的距离应相等,使成片形状、薄厚一致。

5)锯刀片(见图 3-14)。锯刀片是推拉的综合刀技,专片瘦肉类原料,施刀时先推片后拉片,往返工作。切炒肉丝时往往先用锯片的刀技打片,然后切丝。

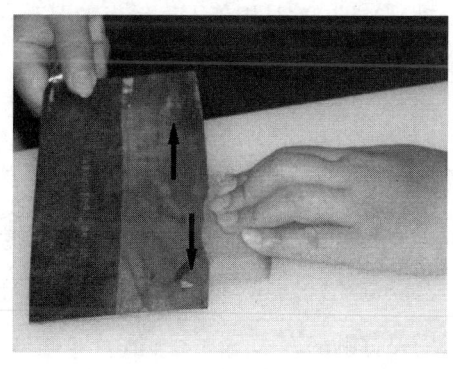

图 3-14 锯刀片

6)抖刀片(见图3-15)。其刀法为:放平刀身,左手按稳原料,右手握刀,片进原料后从右向左移动,移动时要上下抖动,而且要抖得均匀。抖刀片一般用于美化原料的形状,适合于软性原料,如将松花蛋片成锯齿形等。

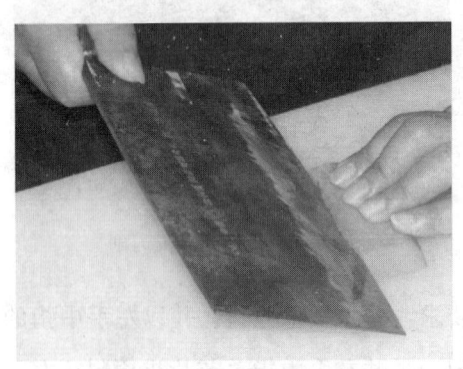

图3-15 抖刀片

(3)剁。剁又称斩,有两种方法。

第一种方法适用于无骨原料,目的是将原料制成茸或末状,如图3-16a所示。该法需根据原料的数量决定用双刀或单刀,数量多时用双刀(又叫排剁),少量时用单刀。排剁的要求:两手分别握一把刀,保持一定距离,不宜太近或太远,两刀前端的距离可以稍近一些,后端的距离要稍远一些,剁时运用手腕力量,先从左到右,再从右到左,反复排剁,剁时两手交替运刀,做到有节奏地此起彼落,同时不断翻动原料。另外,排剁时提刀不能过高,剁前先将刀在清水中蘸一蘸,以避免茸(末)粘刀或飞溅;剁茸时为了使其细腻,可以配合采用刀背砸的方法。

第二种方法适用于剁带骨的鸡、鸭、兔块等,左手按稳原料,右手握刀,将刀对准原料,适当用力,将原料断开,如图3-16b所示。

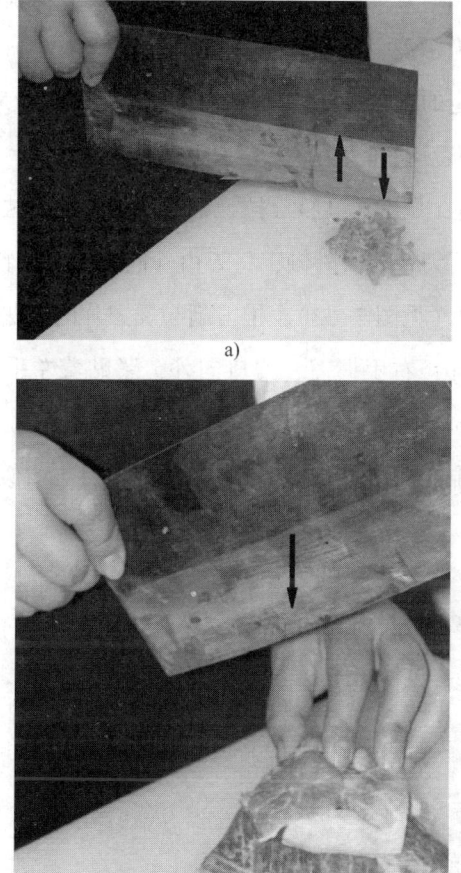

图3-16 剁

a) 将原料剁成茸或末状　b) 剁带骨的鸡、鸭、兔块等

(4) 剞。剞含有雕刻之意,所以又称"花刀"。剞是采用几种切和片的方法,在原料的表面划上深而不透的横、竖等各种刀纹,利于原料在烹制后卷曲成各种形状,如麦穗、菊花等,使原料易熟且保持菜肴的脆嫩度,且易于使调味品汁液渗入原料内部。剞刀的刀口深度有一定的要求,一般为原料厚度的 2/3 或 4/5。其操作方法分为拉刀剞、推刀剞和直刀剞。

1) 拉刀剞(见图 3-12)。拉刀剞与斜刀片的刀法相似,左手按住原料,右手握刀,刀身外倾,将刀由外向里拉进原料约 2/3。

2) 推刀剞(见图 3-13)。推刀剞与反刀片的刀法相似,以左手按住原料的后部,右手握刀,刀口向外,紧贴着左手中指片入原料约 2/3。

3) 直刀剞(见图 3-17)。直刀剞与推切刀法相似,只是不将原料切断而已。

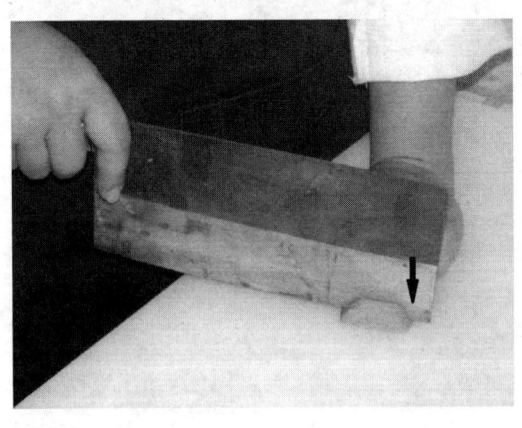

图 3-17 直刀剞

> 知识链接
>
> ### 剞 的 种 类
>
> 剞可分为一般剞和花刀剞两种。
>
> 一般剞只是在原料上剞上一排刀纹,如烹制整条鱼时,可用拉刀剞法。
>
> 花刀剞是剞刀法运用最广的一种。所谓花刀,就是在原料上交叉地剞上各种花刀纹,使原料经过烹制后形成各种形状,适用于韧中带脆且有筋的原料,如猪、牛、羊的腰子和肚子,以及鸡胗、鸭胗、鱿鱼等。

模块二 原 料 成 形

各种原料的成形都是依靠刀工来实现的。根据菜肴和烹调的不同需要,运用各种刀法,将原料加工成块、片、丝、条、丁、粒、末、茸、泥等形状的技法即为原料成形。

一、块

块的种类、形状有很多,如象眼块、梳子块、劈柴块、大方块、滚刀块等,如图3-18所示。它的成形方法有两种,一是切,二是砍或剁。原料质地较为松软、脆嫩,或者是出骨去皮者,都采用切的方法使其成块;原料质地坚硬、带皮带骨者,一般选用砍或剁的方法使其成块。

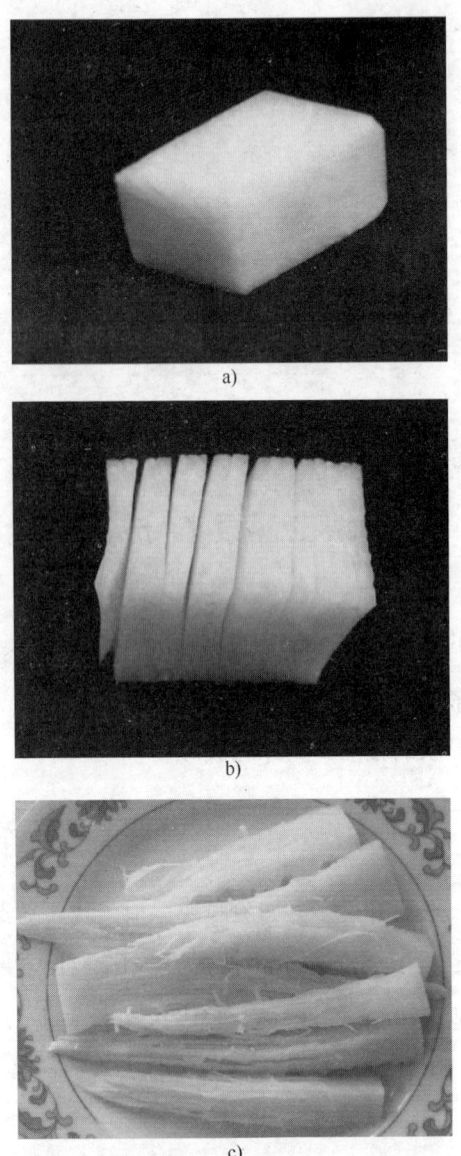

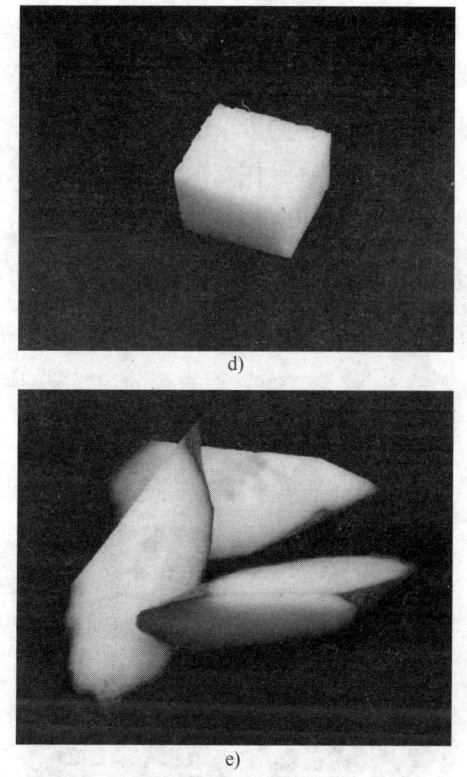

图 3-18 块的种类

a) 象眼块 b) 梳子块 c) 劈柴块 d) 大方块 e) 滚刀块

各种块形的选择主要根据烹调的需要以及原料的性质确定，一般来说，焖的块可稍大些，熘、炒的块可小些；质地松软、脆嫩无骨的可稍大些，质地坚韧、带骨带皮的可稍小些。对于某些块形较大的，应在其背上剞十字花刀，以便烹调时易于成熟和入味。

二、片

片多用片和切的方法成形。对于一些质地较坚硬、形状较厚大的原料，可采用切的刀法；对于一些质地较松软、不易切整齐的，以及本身形状扁薄无法切的原料，可采用片的刀法；对于一些形状椭圆、放在菜墩上不易按稳的原料，则可采用削的刀法。片因大小、厚薄不同而有多种形式、名称，如骨牌片、指甲片（月牙片形状与指甲片相似，只是稍小些）、柳叶片、抹刀片、象眼片、火镰片等，如图3-19所示。其中柳叶片、指甲片一般用削、切、片刀法制成，抹刀片用斜刀片的刀法制成。对片的要求随着烹调方法的不同而有所不同，一般来说，肉片要整齐，不碎为好；要求汆的片要薄一些，炒的片要稍厚一些；质地松软、易碎烂的原料（如豆腐片）需要厚一些，质地坚硬、带有韧性以及脆性的原料（如鸡片、肉片、笋片等）则可稍薄一些。

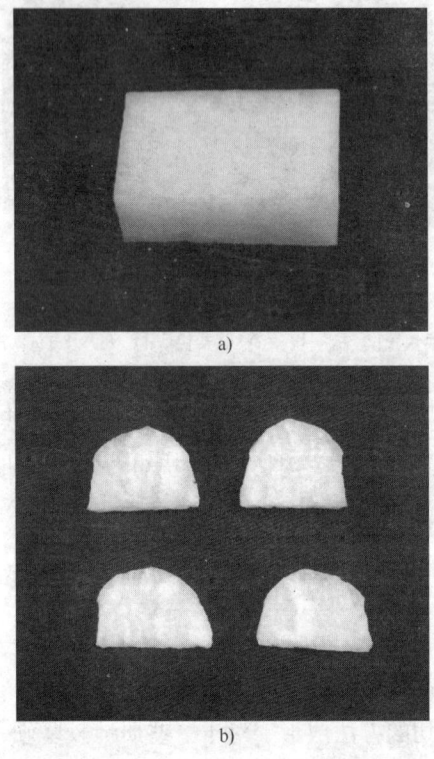

a)

b)

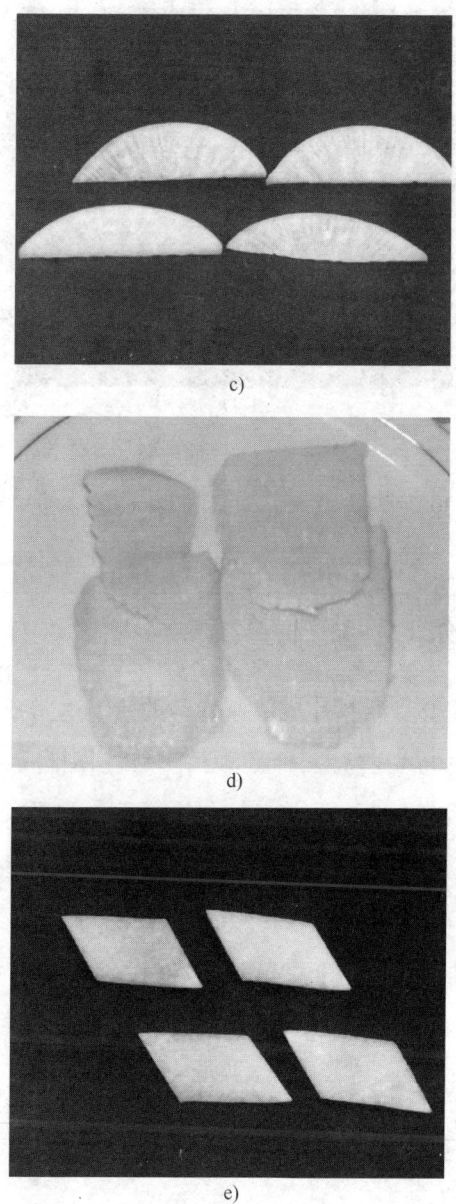

c)

d)

e)

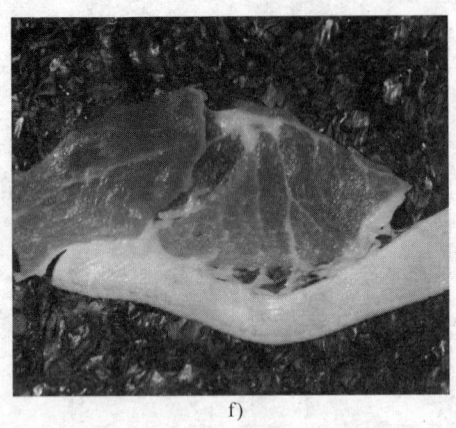

图 3-19 片的种类

a) 骨牌片 b) 指甲片 c) 柳叶片 d) 抹刀片 e) 象眼片 f) 火镰片

三、丝、条

切丝前,先要将原料片成薄厚均匀的片,这是成丝好坏的基础之一。片好的片再切丝有三种方法:一是将片排成瓦楞状后切丝;二是将片排叠后切丝;三是将某些较大较薄的片卷成筒状,然后切丝。丝有粗细之分,性韧质坚的原料可以切得细一些,质地松软的原料可切得粗一些,丝的长度一般在 4 cm 左右。条要求较丝粗,它的成形方法基本上与丝相同,也是先切片,然后再切条;也可以先切成段,然后再切条。条也有粗细之分,可根据不同原料的不同烹调需要酌情选用。

四、丁、粒、末

丁就是小的方形块,它是由条加工而成的,其大小由条的粗细决定，粗条切大丁，细条切小丁，主要以烹调需要为根据，要灵活掌握。如果按形状分，丁可分为小方丁、色子丁、菱角丁、手指丁等。粒的形状比丁小，它是由丝加工而成的，大小约与黄豆粒相仿。末的形状比粒小，与小米差不多，一般是以丁或粒斩碎而成。

五、茸、泥

茸和泥一般都是将原料切成碎粒后，再用双刀排剁而成，有时在剁之前还要用刀背排砸几遍。使用黏性的、结缔组织少的韧性原料制茸、泥时，可以不经过切粒的过程。剁茸、泥的质量要求是将原料剁得极细，成泥状，原料有鸡肉、虾肉、鱼肉等。剁茸、泥之前，应先将原料的筋皮等去掉。

茸和泥一般都是作为瓤馅或做丸子用，所以制茸、泥的原料一般都有一定的黏性，用猪肉、牛肉、羊肉、虾肉制茸泥时要搭配肥膘，用鸡肉、兔肉制茸泥时最好多掺入一些猪肥膘以增强油性。

六、花刀形

花刀形是用剞刀法在原料上交叉切一些深而不透的刀纹，然后改刀成块，经过加热后原料即蜷曲成各种形状。比较常用的花刀有以下几种。

1. 麦穗形和荔枝形

先将原料用斜刀剞一遍，再转一个角度用直刀法与第一次的刀口成十字交叉剞一遍，然后改刀切成较窄的长方块，煮后原料即可成麦穗形（见图3-20）；如果切成象眼块，经过烹调后原料就可蜷曲成荔枝形（见图3-21）。

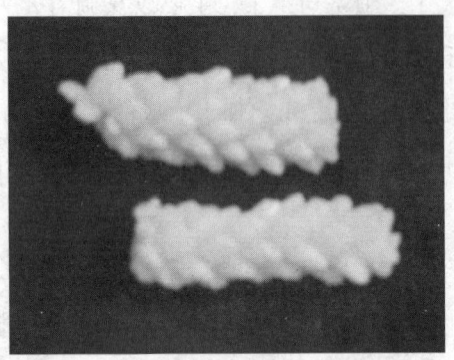

图 3-20 麦穗形

图 3-21 荔枝形

2. 鱼鳃形

在原料表面,用磨刀片的方法片入,第一刀不片断,第二刀片断,加热后原料即成鱼鳃形(见图 3-22)。

3. 蓑衣形

在原料的一面斜刀 15°剞一次,再在另一面用推刀斜刀 15°剞一次,两刀纹呈十字交叉状,深度都是 3/5,两边都剞好后再改切成 3 cm 见方的块,提起来原料即成蓑衣形(见图 3-23)。

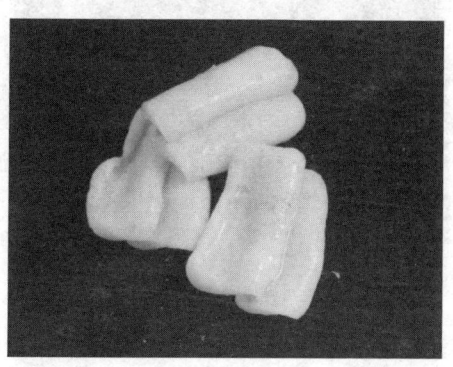

图 3-22 鱼鳃形

图 3-23 蓑衣形

4. 核桃块

核桃块又称钉子块,纵横都是直刀剞,与荔枝形的剞法大致相同,剞成一个一个的方格,再切成方块,加热后原料蜷曲成核桃的形状,又像一排小钉子,如图 3-24 所示。

5. 菊花形和玉兰花形

先将原料的一端剞成一条条平行的薄片,另一端连着不断,剞

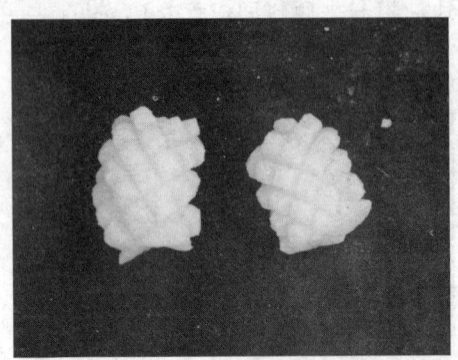

图3-24 核桃块

成薄片的部分占原料的4/5，连着的部分占原料的1/5，然后在这些平行不断的薄片的垂直方向下刀，将原料一片片切下4/5，这些片经过加热就蜷曲成一朵菊花（见图3-25）；如果平行薄片厚一些，另一端打上双坡花刀，加热后形状则像一朵玉兰花（见图3-26）。

图3-25 菊花形

6. 牡丹花形

在鱼身的两面用斜刀剞，剞时刀和鱼身成45°，刀在鱼身后一直

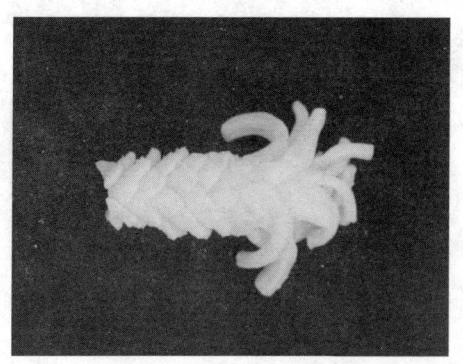

图 3-26 玉兰花形

往前推,碰到骨头后,刀口沿着骨头向前深剖一些,一般大鱼每面剖 7~8 刀。加热后鱼肉就蜷曲成一瓣一瓣的,像牡丹花开花的形状,如图 3-27 所示。

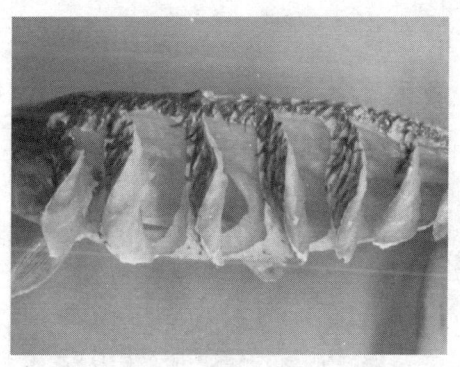

图 3-27 牡丹花形

7. 斜双十字花形

斜双十字花形是指在鱼身两面均用直刀剖成斜十字(见图 3-28),这种方法较简单,一般在红烧时使用。

图 3-28　斜双十字花形

8. 多十字花形

多十字花形是指在鱼身两面均用直刀剞成很多纵横相交的线条，组成很多十字形的菱形小方块（见图 3-29），这种剞法一般在清炖、煎或红烧时使用。

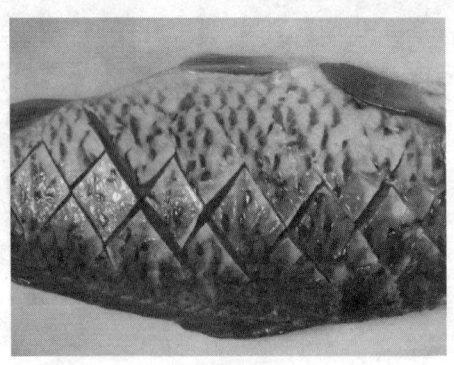

图 3-29　多十字花形

9. 柳叶形

鱼身两面都用直刀剞，先在鱼身中央剞一长纹，再以长刀纹做起点,在背部剞三刀略弯曲的直刀纹,在腹部剞两三刀略弯曲的直刀纹,背部和腹部的刀纹应相互交错、不相交,加热后鱼身就呈柳叶状,如图3-30所示,这种剞法一般在清蒸、红烧或制汤时使用。

图3-30 柳叶形

剞的方法以及所刻画的形态没有固定的形式,以上所举的实例仅仅是一些常见的剞法而已,厨师可以在刀工熟练的基础上,进一步研究创造,刻画出更多、更美的花刀形态来。

> **知识链接**
>
> **练习刀工的方式、方法**
>
> 一开始可采用切报纸的方法练习刀工。切报纸时,报纸一般叠成4~5 cm宽,厚4~8层。初步可利用直刀法中的推、拉切或直切将报纸切成细丝,主要练习右手的腕力、耐力,以及左手的推指速度(即刀距);进一步可用脆性原料如土豆、萝卜等练习片、切丝;最后可用韧性原料如榨菜、肉等练习片、切丝。

模块三 配菜训练

配菜又称配料，是指根据菜肴的质量要求，把各种加工成形的原料加以适当搭配，使其可以烹制出一份完整的菜肴，或配合成可以直接食用的菜肴的过程。它是确定菜肴营养价值、质与量、色、香、味、形等的关键步骤。厨师必须掌握配菜的基本原则和基本方法。

一、配菜的基本原则

图3-31 数量的配合

1. 数量的配合（见图3-31）

一份菜肴的量是其构成内容所包含的各种原料的总量，按照食用需要，有大小不同的定额单位。配菜时，首先取出适应某一菜肴定额要求的盛器。然后将组成此菜所需要搭配的各种净料，按照比例数量——放置于盛器中。关于主、辅料分量的比例，根据菜肴的不同大致可以归纳为以下两种类型。

（1）主料多于辅料，比例通常为7∶3。例如，一份菜肴中除了肉丝外，还略搭配些玉兰丝、白菜丝、韭菜、蒜苗、冬菇丝等时令鲜菜作辅料。

（2）主、辅料的数量基本相等，比例通常为1∶1或1∶1∶1。例如，爆三样由肉、肚、腰三种原料烹制而成，肉片、肚片、腰片在数量上大致相等。

此外，当一种菜肴由单一原料构成时，就不存在主料、辅料在数量上的配合，如通天燕菜、氽银耳等。

2. 口味的配合

口味是菜肴质量的重要标志之一，一份菜肴中主料和辅料在口味上的配合一般有以下几种类型。

（1）以主料的口味为重，辅料作为衬托的口味适应于主料的口味，起到突出主料口味的作用。例如，新鲜的鸡、鱼、虾、蟹等本身的味道很鲜美，也最醇正，所以在烹调时要保持其本味，同时可以放些玉兰片、冬菇之类的辅料，增加其鲜味。

（2）有些主料本身的口味较淡，就应通过鲜味较重的原料以及调味来弥补主料口味的不足，使主料口味更鲜美。例如，鱼翅、海参等，原料经过水发除去腥味后，本身已没有什么滋味，烹调时就需要用鲜汤、火腿、鸡肉、猪肉等作辅料，以增加主料的鲜味。

（3）主料的口味过浓或过于油腻，如加以适当的辅料调和冲淡，就可以使制成的菜肴口味适中，既味美也易于消化。例如，通常以猪肉与适当的青菜配合，要比单独烹调猪肉味美。

操作提示：在一席菜中，菜与菜之间的口味配合，一般是先咸后甜，浓淡分开，同时口味的配合要根据季节变化而不同，夏宜清淡，冬宜浓厚。

3. 质地的配合（见图3-32）

图 3-32 质地的配合

在一份菜肴中，主辅料在质地上的配合也很重要，质地的配合除应考虑原料的性质外，更重要的是质地搭配要适应烹调方法的要求。有些辅料的质地与主料相同，所谓"脆配脆""软配软"，即主料是脆的，辅料也应该是脆的；主料是软的，辅料也应该是软的。例如，爆双脆所用的原料鸡胗配猪肚，二者质地都是脆的；八宝豆腐是吃其软，因此所用的原料如鸡蛋、豆腐、奶油、冬菇等都是比较软的。这些菜肴如果主料与辅料软硬搭配不当，就会影响菜肴的特色。

也有些辅料的质地不同于主料，常见的如玉兰片炒肉丝，其中肉丝是比较软的，而玉兰片则比较脆嫩，但二者搭配到一起，如果火候与调味掌握适当，烹制成的菜肴也是颇受人欢迎的。在炖、焖、烧、扒等用火时间较长的菜肴中，主辅料软硬相配的就更多了，主要依靠投料的时机和火候，使菜肴烹制得软硬适中。至于一席菜中，菜与菜之间质地的搭配，则要求脆软相间，才显得不单调。

4. 形的配合（见图3-33）

图3-33　形的配合

形的配合不仅关系到菜肴的美观，而且还直接影响烹调过程。一般配法是，辅料形状要与主料相适应，即辅料的形要衬托主料的形，突出主料。例如，主料是块形，辅料也一定是块形，主料是片形，辅料也一定是片形，所谓块配块、片配片、丁配丁就是这个意思。而且，就辅料来说，不论其是块或片等，都应当略小于主料的块或片等。在一席菜中，菜与菜之间形的搭配要有变化，有的是块，有的是片，有的是丝，即使同样是块，也要有不同形状的块。

形的配合与刀工有着密切的关系，一般在刀工工序（即原料成形的过程）就要考虑到主辅料在形的配合上的需要。配菜时，除追求形的美观外，还要重视原材料的合理利用和营养卫生。

5. 色的配合（见图3-34）

图3-34　色的配合

一般情况下，辅料要在颜色上适应主料、衬托主料、突出主料，同时也要考虑到色调的协调，不能配得过于复杂，要既美观，又大方，具有一定的艺术性。通常所采用的配色方法有两种。

一种是"顺色"，即主辅料都用一种颜色。例如，扒三白一般是用鸡片、鱼片和玉兰片烹制而成，这三种片的颜色基本上都近于白色，烹调后还保持其白色，看起来很清爽。

另一种是"花色"，也就是主辅料采用不同的颜色相互搭配在一起，美观调和，这种方法较为普遍。例如，芙蓉鸡片中主料所用的鸡片是白色，可用豆苗、火腿等作配料，在色调上是红绿两色衬托白色，很鲜艳。

冷盘的配色通常采用"花色"。如果火腿与油爆虾摆在一起，二者都是红色，就不好看了；糖醋排骨与松花蛋摆在一起，让人觉得黑沉一片；而将松花蛋与鸡、油爆虾三者相间配在一起，相互衬托就很好看。

操作提示：决定菜肴色调的不仅是主辅料的颜色，调料的颜色也很重要。例如，奶汤白菜、扒三白等都不能用红色的酱油，一般用食盐。也有不少菜肴的色调主要依靠调料起作用，如番茄虾仁的色调基本是红色的。一席菜中，菜与菜之间色的配合十分重要，既要鲜艳又要大方，但仍要注意美观与营养卫生之间的辩证关系。

6. 营养成分的配合

菜肴所含的营养成分是衡量其质量的一个主要标志。营养成分的配合一方面可以改变菜肴所含营养的多少，另一方面也关系到食用者能否消化吸收。不同原料所含的营养成分不同，因此需要把不同的原料加以适当配合，如肉类与时菜类的配合就是常见的例子。再如某些汤菜，其选用的鲜汤大多是用鸡、鸭等原料制成的，本身有较丰富的营养，再与其他原料配合，制成的菜肴既易消化吸收又有较高的营养价值。

7. 盛器的配合

菜肴制成后都要用盛器盛装，才便于食用。不同的盛器对菜肴整体质量会产生不同的效果。菜肴制成后如果用适合的盛器盛装，就能给人以悦目的感觉，从而增加人们对食物的喜爱程度。也有些菜肴在烹调时需用一定的盛器烹制，如砂锅豆腐，其中的砂锅既是烹具，又是盛器，其对菜肴本身的质量也有一定影响。选用盛器与菜肴相配合时，除使用的盛器必须注意洁净卫生外，还有以下三方面要求。

（1）盛器的大小要与菜肴的分量相适应。例如，装盘时应装到盘子的中心圈，不宜装到盘边，装碗时应装到九成左右，不宜盖没碗沿。

(2) 盛器的品种要与菜肴的品种相配合。例如，一般炒菜、冷菜都宜用腰盘、圆盘，整条鱼宜用长腰盘即鱼盘，烩菜及一些带汤的菜等宜用汤盘，汤菜宜用汤碗，砂锅菜宜将原装砂锅上桌，全鸡、全鸭宜用鸡池、鸭池等。

(3) 盛器的色彩最好能与菜的颜色调和。一般情况下，洁白的盛器对于大多数菜肴来说都是比较适宜的。但是，有些菜肴使用带有适宜花色的容器来装配更能衬托菜肴的特点，例如，肥嫩的白鸡装在带有珊瑚、淡绿色花边的鸡池中，能使白鸡显得更为肥嫩、美观。

在一席菜中，除盛器与菜肴的配合外，还应注意盛器与盛器之间形或色调的配合，一般情况下，整席菜应使用整套的盛器来装配。

二、配菜的方法

配菜的基本方法可以分为配一般菜与配花色菜两类。一般菜比较朴实，花色菜偏重搭配技巧，讲究菜肴的色和形。现将这两类配菜的基本方法简略介绍如下。

1. 配一般菜的方法

如果按照配菜时所用配料的多少来分，配一般菜的方法还可细分为配单一料、配主辅料、配不分主次的多种料三种方法。

(1) 配单一料。所谓配单一料，是指一份菜肴由单一原料构成。一般来说，绝大部分菜肴原料都可以用作单一料。其配料方法很简单，但配料时必须注意两个原则。

1) 必须突出原料的优点，避免原料的缺点。用作单一料的各种蔬菜原料，必须选其鲜嫩部分。例如，清蒸鲫鱼主要吃其肥美，所以不可去鳞；鱼翅本身缺乏鲜味，用作单一料时必须加火腿、鸡肉等同烧，以吸收辅料的鲜美滋味，然后再将火腿、鸡肉等拣去，仍以单一料上席。

2）具有某些特殊浓厚滋味的原料，不宜用作单一料。如辣椒、大蒜等，如果不匹配一点其他原料，则辛辣气味太重，不宜食用。

属于单一料制成的菜品在菜名上往往冠以一个"清"字，如清炒虾仁、清蒸鱼等。

（2）配主辅料。所谓主辅料，是指一份菜肴在主要用料以外还配以一定数量的辅助原料。搭配辅料是为了对主料的色、香、味、形以及营养成分起调剂作用。例如，过油肉含脂肪很多，过于油腻，如搭配一些蔬菜，可使主料的口味肥而不腻，色彩更加鲜明，还可以补充主料的营养成分。

总之，凡是有主辅料的菜肴，一般主料在质和量上都应该起主导作用，辅料对主料起陪衬、烘托和补充作用，不可喧宾夺主。一般来说，主料大都用动物性原料，辅料大都用植物性原料，但也有一些菜肴除外，如京菜中的八宝豆腐就是以豆腐为主料，火腿、鸡肉、虾仁、干贝等为辅料。

（3）配不分主次的多种料。所谓不分主次的多种料，是指菜肴由两种以上居于平等地位的原料构成，不分主辅，用料的数量也大致相等，这种配菜方法一般相对慎重，对各种原料之间的色、香、味、形的配合都应该认真处理，使其适当。例如，油爆双脆中的鸭（鸡）肚和猪肚都是韧性中带脆性的原料，形态上一般都用块，剞刀的刀纹深浅、块的大小和薄厚都应一致；再如糟熘三白中鸡、鱼、笋的形状都是片形，色彩都是白色，且都是鲜嫩的口味。

属于不分主次的多种料制成的菜肴，在菜名上往往标有数字，如"双脆""三鲜""两样"等，说明其由几种地位平等的原料烹制而成。

2. 配花色菜的方法

（1）花色菜在色和形方面特别讲究，富于艺术性，因此，这种菜在刀工和配菜方面非常细致，要求有较高的技术性和艺术性，才能达到色形俱佳、口味鲜美和营养丰富的要求。为此，必须注意以下几点。

1）选料严格，要有利于造型。

2）色、香、味、形及名称等方面具有完整性。

3）构成的图案或形态必须优美、新颖，防止大肆渲染、格调庸俗。

4）手法和技艺必须精熟，有时还要使用雕刻技艺，以丰富其造型，如冬瓜盅、水晶南瓜等就需要雕刻技艺才能生色。

（2）花色菜的配置方法是多种多样且灵活的，可以依托厨师的智慧加以创造，较普遍的有以下几种。

1）叠。叠就是把不同颜色且在香味等方面能互相取长补短的原料分别加工成相同的片状，间隔地叠在一起，中间涂一层加工成糊状的黏性原料如虾茸等，使其粘在一起。例如，锅贴鱼就是将鱼肉、火腿、肥膘或菜叶等都切成长方片，把它们整条地叠在一起，依次在鱼片上下两面各放肥膘、菜叶、火腿一片，片与片之间涂上已经调好味的虾茸，使其粘在一起。

2）卷。卷就是用各种韧性的原料，片或削成较大的长方片，再用各种不同滋味、不同颜色的原料切成丝或茸，分层铺在片上，并涂些虾茸等黏性原料,然后卷起两头,斩成各种美丽的形状。例如,三丝鱼卷就是用鲈鱼肉切成较大的长方片,片上横放火腿丝、冬笋丝、冬菇丝,三丝较长使其露出片外,然后将鱼片卷起,封口处可涂一些蛋粉糊使其粘在一起,入油锅炸后滚上汁即成。

3) 排。排有两种方法。一种是利用各种原料颜色的不同,通过刀工切成各种形状,排叠成美丽的图案。例如,葵花鸭片就是将鸭肉、蘑菇、笋、火腿四种不同颜色的原料加工成厚片排成。排时先在碗底放一整个冬菇,再将鸭片、笋片、火腿片、蘑菇片间隔地排成葵花形状,共排两层,上面铺一层碎鸭肉,加上调味品。上笼蒸熟后将碗反扣于盘中,周围用绿叶菜围边即成。另一种是以一种原料为主,另用其他原料在主料的表面排出各种图案。例如,兰花鸽蛋就是先将一只鸽蛋打碎,倒入小盘内,以火腿薄片做花瓣,以葱丝做茎叶,以发菜做须根,排于鸽蛋表面,拼排成一株玉兰花的形状,上笼蒸熟,鸽蛋表面即现出一株兰花。

4) 扎。扎又称捆,就是把切成条状或片状的原料用黄花菜、海带、扁尖或干菜等一束束地捆起来。例如,柴把鸭掌就是用出骨的熟鸭掌,中间加火腿、冬菇、冬笋条等,外面用菜丝拦腰扎成柴把形状,上笼蒸熟加调味品而成。

5) 瓤。瓤是以一种原料为主,中间装入其他原料(一般是茸状原料)。例如,酿青椒就是将青椒去心,青椒内拍一层干淀粉,再将猪肉、火腿剁成茸,加调味品后填入青椒,接着放油锅里煎一煎,再加鸡汤上笼蒸透,然后将原汤倒入锅内加调料,最后浇在青椒上而成。

6) 包。包就是把整只或部分鲜嫩无骨的净料(鸡、鱼、虾、猪肉等）加工成片、茸，或去壳去骨加调料搅拌均匀，再用百叶、鱼肉作皮或用无毒的玻璃纸包裹起来，用浇炸、滚弹煮、上笼蒸等方法加热制成。例如，鱼肉馄饨就是将大黄鱼去皮和骨切成大丁，撒上淀粉，用擀面杖敲成薄皮，用虾仁加调料做馅心，包成馄饨，用清汤煮熟即成。

第4单元 热菜制作

模块一 厨房常用工具及勺工训练

一、厨房常用工具

1. 灶具

灶具是厨师不可缺少的设备,灶具品种很多,传统的灶具以烧煤为主,现代灶具大多以天然气、液化石油气、柴油为主要燃料。随着社会的发展,考虑到对明火的限制,又孕育出电磁灶。但不论哪种灶具,其外表特征大致相似,一般分为单眼灶(见图4-1)、双眼灶、三眼灶、四眼灶、五眼灶、六眼灶和平炉(见图4-2)。燃气灶具又分为加氧灶和一般灶两大类。不论使用何种灶具,一定要做到定期检修,用后断电、断气。

2. 锅

锅是一种用于煎、炒、蒸、煮、煨、炖等烹调操作的加工器具。根据烹调工艺、用途和结构特点,锅可分为炒锅、蒸锅、煮锅、砂锅、平锅、高压锅等。

图 4-1 单眼灶

图 4-2 平炉

（1）炒锅。根据制造材料的不同，炒锅主要有铁炒锅、铝炒锅、铜炒锅、复合金属锅等几类。实际操作时，几乎所有的烹制方法都可用炒锅完成，这是最常用的一类锅。

1）铁炒锅。铁炒锅规格较多，口径 30~45 cm 的铁炒锅最为常见，形式分炒勺（把锅）和煸锅（耳锅）两种，如图 4-3、图 4-4 所示。

2）铝炒锅。铝炒锅由纯铝或铝合金制成，一般是双耳圆底锅，有传热迅速、不易生锈、体轻易洗、不易结底煳锅等特点。常见规格有 28 cm、30 cm、31 cm、32 cm、34 cm 等，多数附有铝锅盖。

图 4-3　炒勺（把锅）

图 4-4　煸锅（耳锅）

3）铜炒锅。铜炒锅一般少见，藏族地区寺院中有可供制作百人饭食的大铜锅。

4）复合金属锅。复合金属锅是一种新型材料锅，锅内层为铁，外层为铝合金，外表涂高辐射吸收涂层，集铁锅和铝锅的优点于一身，代表锅的发展方向。

（2）蒸锅（见图4-5）。蒸锅是用于蒸、炖面点饭食和各种菜肴的专用锅，有铁质、铝质和不锈钢质三种。其结构主要分三种类型：

一是中算式蒸锅，由高腰锅及其内置的1~2个蒸箅组成，多为铝锅，家庭中使用较多；二是架笼式蒸锅，即由一般深锅架上蒸屉或蒸笼组成；三是连体式蒸锅，即锅与炉或锅与蒸箱连为一体，或炉、锅、蒸箱三者连为一体，多为不锈钢制品，宾馆、饭店中常用这种锅。

图4-5 蒸锅

（3）煮锅。煮锅常用于煮肉、制汤、烧水和煮粥，以铝锅和不锈钢锅较为常见，锅型有高锅、矮锅、柿形锅、菊花锅、浅底锅、沙土锅、牛奶锅等多种。

（4）砂锅。砂锅由陶土制成，广东人称之为砂煲，主要用来炖汤、煮粥等。砂锅传热慢，加热时间长，化学性质稳定，以其烹煮的食物有酥香嫩烂和味道浓厚的特点，如砂锅狮子头、砂锅什锦、砂锅豆腐、砂锅胖头鱼等。根据容量大小，砂锅分为一号、二号、三号、四号和特号五种。其中一号和特号为大型砂锅，二号和三号为中型砂锅，四号为小型砂锅。根据颜色不同，砂锅有黑、白、紫三类。

（5）平锅。平锅是形似茶托的圆形平底锅，锅唇外翻，可用来摊煎鸡蛋和烙制油饼、面饼、卷皮等。

（6）高压锅。高压锅又称压力锅，其原理是利用锅内加热时产生的蒸汽，形成高压、高温的环境来烹煮食物，具有省时、节能、快熟的特点，能在极短的时间内煮出软绵、酥烂和味道香浓的食物。

操作提示：使用高压锅前一定要仔细阅读说明书，严格按规定操作，谨防事故发生。

3. 蒸箱

蒸箱是一类专门用于蒸制各种食物的烹调器具，与前面所述的蒸锅配合使用，包括蒸屉、蒸笼、蒸箱（见图4-6）、蒸柜等。一般把圆形的称为蒸笼，小矩形的称为蒸箱，大矩形的称为蒸柜。蒸屉是置于蒸箱和蒸柜内的形似抽屉的小蒸具；蒸箱和蒸柜一般设门，内设多格层，可同时放多个蒸屉，其中每个蒸屉可以间歇使用而不影响其他蒸屉的蒸制。蒸笼一般带锥顶盖，可重叠若干个同时使用。

a)

b)

图 4-6 蒸箱

a) 电气两用蒸箱 b) 电蒸箱

4. 锅勺、锅铲

锅勺（手勺）和锅铲都是在调味、搅拌、出锅和装盘时使用的工具，都带有不同长度的长柄，如图 4-7、图 4-8 所示。其中，锅铲还可用来搅米、起饭和盛饭，锅勺还可用来出汤和盛粥。锅勺与锅铲有多种规格，制造材料主要有熟铁和不锈钢两种，塑料和竹木质的一般在不粘锅上使用。

图 4-7 锅勺（手勺）

图 4-8 锅铲

5. 滤器

滤器是用来过滤或沥干油、水、液汁和分离粉状物的工具。常用的滤器有漏勺、笊篱和网筛三种,如图4-9所示。

6. 盛器

厨房常用的盛器有桶、缸、盆、罐、钵、坛、篮、筐、箱、箕、箩等。其中盆和罐的使用较频繁,其种类也多,材料有铁皮、不锈钢、铝、搪瓷、塑料等,一般不锈钢的档次最高,使用范围最广。

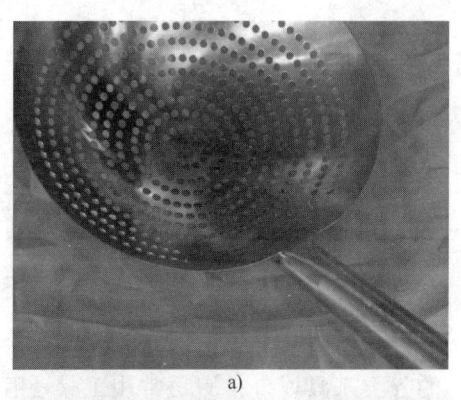

a)

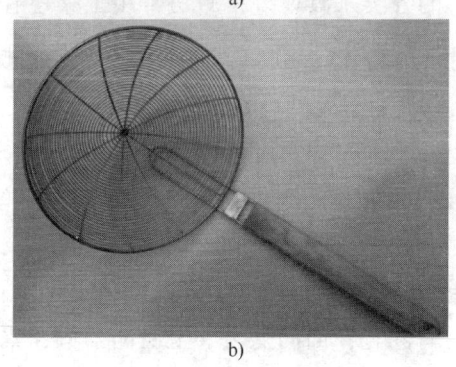

b)

c)

图 4-9 滤器

a) 漏勺 b) 笊篱 c) 网筛

7. 模具

模具是用于菜肴造型以增加美观的工具,一般用铜片或马口铁加工焊接而成,有花、草、鱼、虫、鸟、兽、花边等形状,分木雕和塑料模型。使用时,原料一般经预处理,使之具有一定的可塑性或成为薄片,然后用模具模造出各种各样的形状。

除以上提及的各类工具以外,厨房常用工具还有调料车、搅拌器、围锅板、手磨、擂钵、蒜臼、小钢磨、皮刨、擦床、磨刀石、油温表、秤、食罩、揩布等,这里不再展开叙述。

二、勺工的训练

1. 站立姿势

两腿分开与肩同宽,面向灶台,上身略前倾,集中精力,注意锅中菜肴的变化,如图 4-10 所示。

图4-10 站立姿势

2. 执锅方法

锅的种类不同,执锅方法也有一定差异。一般而言,执锅方法主要有端勺法、握勺法和手捏煸锅法三种,如图4-11所示。

操作提示：手捏煸锅时,拇指要扣在锅耳的1/3处,重心在拇指与食指上,一般靠腕力抓锅,而不是靠身体去抓,要求抓紧毛巾,用力均匀。

a)

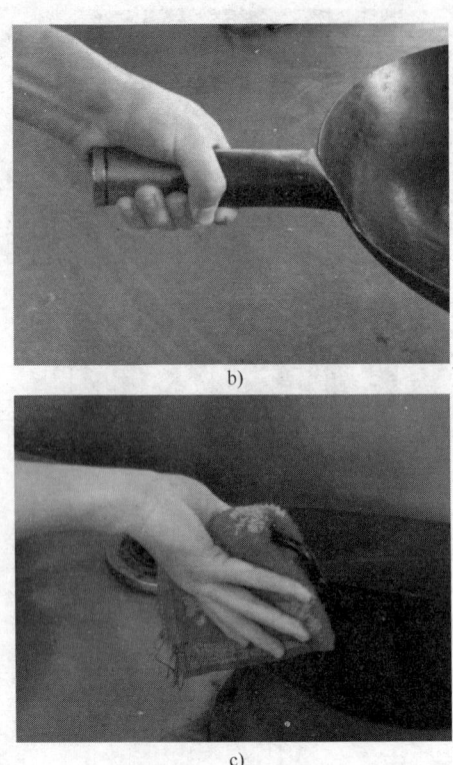

图 4-11 执锅方法

a)端勺法 b)握勺法 c)手捏㸆锅法

3. 搪锅方法

搪锅适用于煎制类菜肴,能够使原料在锅中煎时翻动移位,色泽均匀,形态美观,避免粘锅和烧焦。其方法为:先将原料(练习时可将铁碗扣在锅中充当原料)放在锅中,左手执锅,右手执锅勺,将锅放在炉灶(练习时炉灶不开火)一端。然后将锅向右边从下到上翻动,使原料在锅中均匀翻动,如图 4-12 所示。

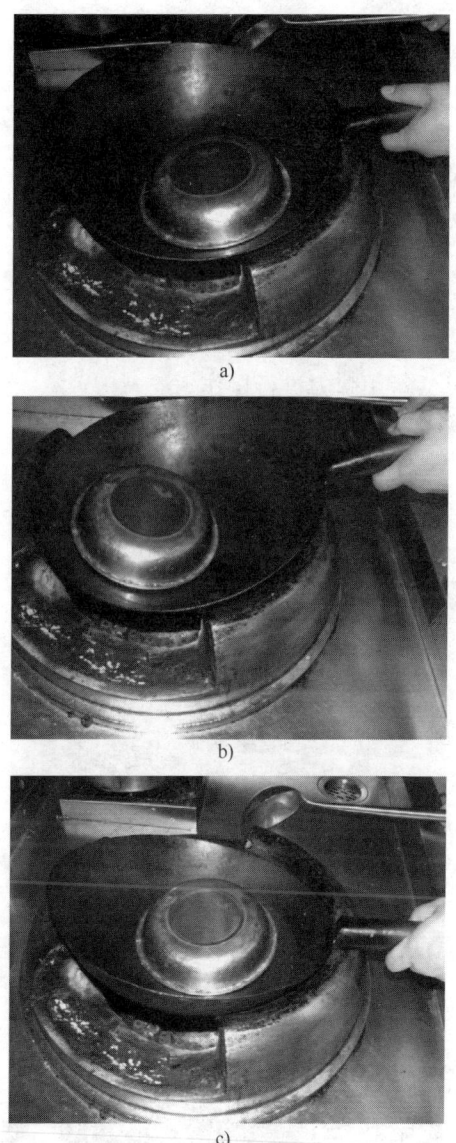

图 4-12 搪锅方法

4. 翻锅方法

翻锅是烹调操作中最基本、最重要的技术动作，技术要求较高，必须端正姿势，反复训练，才能把锅翻好。其方法为：将锅略向身边一收，然后略向前一送，同时向上一扬，将原料全部抛起，接着用锅将已翻过的原料接住。"收、送、扬、接"必须紧密配合，如图4-13所示。

操作提示：翻锅时用大臂掌握锅的前后移动幅度，小臂掌握锅的左右平衡，灵活运用腕力进行操作。

a)

b)

第4单元 热菜制作

c)

d)

图4-13 翻锅方法

a) 收 b) 送 c) 扬 d) 接

> **知识链接**
>
> **勺工训练的方法**
>
> 第一种方法：在锅内放入适量的湿沙子或腌制用盐，用左手将锅端起，小臂带动大臂，锅向前一推，跟着向后一拉，将锅中的材料自前向后翻炒过来，动作重复进行，次数越多越好。练习到翻动自如后，右手握住手勺，练习手勺与炒锅的配合，即手勺随炒锅一前一后，自下而上画弧，利用手勺前侧推动锅中的材料翻动。

> 第二种方法：在锅内放入废弃的植物原料或放入一块毛巾加入适量的清水，点着火在灶台上练习，方法与前一种相同。

模块二 火 候

一、火候及火力

1. 火候的概念

烹制菜肴是用火来加热的。所谓火候，就是指烹制菜肴时所使用火力的大小和烹制时间的长短，即：火力+时间=火候。在加热过程中，由于所使用的原料多样，质地有老有嫩、有硬有软，形态有大有小、有薄有厚，菜肴做成后，质地的酥烂、脆嫩也各有区别，因此在烹制过程中，要根据具体情况，采用不同的火力和不同的加热时间，对原料进行加热处理，这就叫掌握火候。不同的原料运用不同的火候，就可以得到色、香、味、形各不相同的佳肴。根据原料性质以及烹调要求掌握火候的复杂变化，是一名烹调技术人员所必须掌握的技术，它是整个烹调过程中的一个重要环节。

2. 火力的分类

火力随炉灶的不同、燃料的性质以及气候的不同而有所不同。在烹调过程中，一般采用的火力有旺火、中火、小火和微火4种。火力的大小，通常以火焰的高低、火的颜色变化以及辐射热的强弱来区别。

（1）旺火（见图4-14）。旺火火焰高而稳定，呈白黄色，光度明亮，热气逼人，一般用于快速的烹制方法，使菜肴具有脆香或酥嫩的特点，如炸、爆、炒、烹等。

图4-14　旺火

（2）中火（见图4-15）。中火火焰低而稳定，热度很高，火色红亮夺目，适用于蒸、扒、烧、煮、烩等烹调方法。

图4-15　中火

（3）小火（见图4-16）。小火火焰低而摇晃，呈红色，光度较暗,热气较大,一般用于较慢的烹制方法,使原料软嫩入味,如熬、煎、贴、塌等。

图4-16 小火

(4)微火(见图4-17)。微火火焰细小而时有起落,呈青绿色,光度发暗,热气不大,一般用于较长时间的烹制方法,促使原料吸收汤汁,变得酥烂,如炖、焖、煨、烤等。

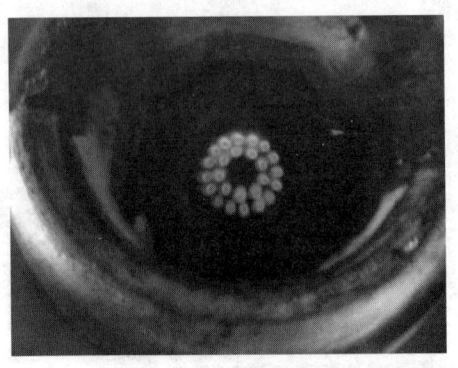

图4-17 微火

要掌握火候,除直接鉴别火焰高低、火的颜色和光度外,还应注意锅内原料的温度变化。火过旺时,应将锅立即端离火口或者填煤、调节阀门以控制火力；锅内温度不足时，应把火调旺。

二、原料受热后的变化

1. 各种导热方法对食物的影响

不同的火候要结合不同的加热传导方法加以运用。不同的加热传导方法对食物亦有不同的作用。一般有5种导热方法。

（1）用水导热。这种方法主要是靠水的对流作用，使原料各部分均匀受热。水的沸点是100 ℃，因此不论火有多旺，水也只能达到这一温度，超过此温度水就会发生汽化变为蒸汽。水的传热作用较油低一半还多，因此，适用于较长时间的加热。烹调原料一般都含有水分，加热时液体对流作用增强，食物中的部分有机物易溶于水中，而成为美味的汤汁。液体在加热之后的对流作用，还可使各种原料的滋味相互融合，调味品的滋味可以渗入到食物内部。某些气味不醇正的原料，可于正式烹调前先在滚水中烫过，利用对流作用清除食物的腥膻等气味。有些菜肴，为了不使养分与滋味融于汤中而损失掉，则可用收汤的方法，即继续对食物加热，使汤汁中的水分大部分蒸发，养分、滋味与菜肴混为一体，使得菜肴更为醇浓入味。

（2）用油导热。油的对流作用可以使原料迅速受热，但不宜长时间加热，因为油的最高温度可以达到400 ℃，是水的4倍，若再加热原料就会燃烧起来。烹制菜肴所使用的油温一般控制在100～250 ℃之间，可以利用不同的油温对食物加热。用油烹调，能使菜肴产生香、脆、酥、嫩的良好效果。香是因为食物中的香料只有在高温下才能汽化，从而散发出香味。而油在加热后对于食物的干燥凝固作用增强，因此可使食物变酥、变脆。由于油的温度很高，食物下锅后骤然受到高温，外部干燥收缩，凝结成一层硬膜，使内部浆汁不易排出，形成外焦里嫩的特点。另外，利用油的高温，还可使经过一定刀工处理的肉类形成各种形状。但是，各种油的性质不同，使用时应加以注意，如花生油因含硬脂酸的甘油酯较少，烹制的食物不会发脆。

（3）用蒸汽导热。这种方法也是靠对流作用使菜肴原料受热的，蒸汽的温度要高于水的温度，加上蒸汽的压力，温度可升高到120 ℃左右。食物在蒸汽中加热，因空气中湿度已达饱和点，水分不易蒸发，故能保持食物中原有的养分和滋味。但由于蒸制是在密封情况下进行的，无法进行调味，所以，通常以蒸汽加热的菜肴，都要先调味，再放入蒸汽中烹制。有的菜肴是经调味做熟后再放入蒸汽中加热，主要是为了增加食物的柔软性与熟度，并使食物中的香料汽化。

（4）用空气导热。这种方法是将燃料放在烤炉中燃烧，产生热气，通过热辐射烘烤原料，如烤制就属此类。用空气传导进行加热是干燥性的加热，食物在这种加热方式下，外层的水分极易蒸发，浆汁排出后，一部分在食物表面凝固，另一部分滴出来，制品皮脆而肉嫩，但如汁浆流出过多也会影响菜肴的质量。

（5）用盐粒或沙粒导热。由于盐粒和沙粒不像液体那样能够对流，所以用这些材料进行导热时，必须不断地进行人工翻搅，以便原料受热均匀。

利用以上几种导热法，再结合火候变化，就产生了多种多样的烹调加热方法。例如，用油传导加热的烹饪方法有炸、爆、熘、煎、贴、塌等；用水传导加热的烹饪方法有汆、涮、煮，以及一部分炖、熬、烩等；用蒸汽传导加热的烹饪方法有蒸和一部分炖等；用空气传导加热的烹饪方法有烤、烘等。此外，还有几种传导加热方法交替使用的情况。

2. 原料受热后的变化

在烹调过程中，食物在一定温度下，随着时间变化会发生质的变化，而不同原料所发生的质的变化也不相同。

（1）植物性原料。生的蔬菜和水果，其细胞中充满水分，且有一种植物胶素连接着各个细胞，所以在未加热前蔬菜和水果大都较硬而饱满。加热后，胶素软化，与水混合成为胶液，同时细胞膜破裂，细胞内一部分包含物如矿物质、维生素等就溶于水中。所以，蔬菜加热后，锅内会出现汤汁，这些汤汁含有很丰富的矿物质和维生素 C。所含胶素较多的品种，如果在加热时加入少量的水，可以制成各种果酱或果冻。

植物性原料中的淀粉经加热后，吸水膨胀，使淀粉分子间的缔合状态消失，导致淀粉的晶体结构被破坏而成为糊状，即为淀粉的糊化。

（2）动物性原料。动物性原料加热后，一部分蛋白质凝固，另一部分蛋白质受热后水解成为胶质蛋白，当结缔组织被水解破坏后，蛋白质与纤维素分离，使肌肉纤维组织松散，肉呈柔软、酥烂状态。脂肪与水一同加热时，一部分脂肪水解为脂肪酸和甘油，这时加入酒、醋等调味品，就能与脂肪酸化合成为有芳香气味的酯类。酯类比脂肪容易挥发，且有香气，因此鱼类等原料在烹调时，加酒后即有香气透出。

原料在烹调中受热会起种种物理变化和化学变化,我们应该利用有益于保存菜肴所含营养素和改善菜肴色、香、味、形的变化,减少不利于菜肴质量的变化。

三、火候的运用

1. 运用火候的根据

(1) 根据食物原料的性质用火。性质柔嫩的原料应采用旺火使之速成,否则会质老味差;性质坚韧的原料应采用小火或微火长时间加热,其纤维组织才能松软,易于咀嚼消化。食物原料大多是不良导热体,特别是动物性原料,传热缓慢。如果加热时间不足,其表面温度虽然很高,内部温度却不能在同一时间内升高,会使食物外熟里生,内部如有细菌与寄生虫也不能杀死。这就要求厨师根据具体情况调节火候,使食物既保持营养又符合卫生要求。

(2) 根据原料的性质用火。大块的原料,加热时温度不易传入内部,加热的时间就要长些,火力就要适当小些,否则食物不能熟透;小块的原料就要用大火,在较短的时间内使其成熟,如果时间太长,就会煮烂成糊状。一般情况下,性质坚硬的原料,刀工的形状都比较大,而性质柔嫩的原料,形状都比较小,这就要求厨师根据原料的性质、大小采用相适当的火候,以保证菜肴的风味和特点。

(3) 根据菜肴特点用火。不同的菜肴品种,具有不同的质地、风味、形状、色泽等特点,这就需要运用不同火候,使其达到所要求的质量标准。例如,糖醋鱼要求质地酥脆,需要旺火热油把鱼炸透；蒜苗炒肉片需要旺火速成；干菜焖肉取其醇香，需要用微火长时间加热。

（4）根据原料处理后的形状用火。有的原料经过挂糊处理，使用旺火时不能在油太热时下锅，因为旺火很快就会把原料炸成外焦里不熟；应该在油温只有四五成热时下锅，并在温油中浸炸一段时间，再用热油，才能把原料炸得外部黄脆、内部嫩软。如用温火，油温应控制在六七成热，再将原料下锅。因为温火需要很长时间才能把油烧得很热，如原料下锅时间早，炸的时间太长，原料内部水分渐渐渗透出来，容易炸成内部老硬；并且，由于原料下锅时火温油凉，挂糊容易脱落，会影响菜肴的美观和质量。

原料下锅数量多少，与油的温度也有很大关系。很多原料第一次下锅会降低锅内热油的温度，因此，下锅原料过多时，油的温度也应略高。

各种菜肴的特点千差万别，因而火候的运用就需要变化多端，否则就不能烹制出合乎质量要求的菜肴。例如，熘腰花因其经过刀工的美化处理，剞成交叉花刀，需要在七八成热的油中加热，才能将其花纹明显地呈现出来；炒青椒需要保持色泽鲜绿，如果烹制时间长，青椒就会变黄。

2. 掌握火候的关键

掌握火候具有高度的技术性，以下几个环节尤为重要。

（1）必须善于观察。火力加时间叫火候，这是一个概念性的技巧。一般用慢火烹制的菜肴，可以根据火力的大小、加热时间的长短来断定火候程度；但是对于旺火速成的菜肴，则需要通过锅中的传导物,以及原料受热后的变化来断定火候程度。

1) 油温的判定。油的温度达到 100~150 ℃时为温油,温油无青烟、无响声、油面比较平静。油的温度达到 150~200 ℃时为热油,热油四周有青烟,用手勺搅动时微有油爆的声音。油的温度上升到 200~250 ℃时为烈油,烈油有较多青烟,油面平静,用手勺搅动时有较大的油爆声响。

2) 原料变化的鉴别。新鲜的动物性原料,可以根据其血色素的变化来确定火候,因为血色素在 85 ℃左右时即会遭到破坏,血色素遭到破坏后原料会变成灰白色。例如,猪肉下锅后会变成灰白色,由此即可断定原料已基本断生。又如,挂糊的原料在油锅中继续加热则可变成浅黄色、深黄色,如用手勺或筷子试原料有硬感,则说明原料已达到酥脆的程度。

蔬菜下锅后(放入少量的油)会发出响声,响声停止就说明蔬菜已基本成熟,可根据其性质进一步决定加热时间的长短。

(2) 必须熟练地运用翻锅。火候程度是通过锅中菜肴变化的情况表现出来的。想要根据菜肴变化的情况,恰当地掌握调味、勾芡以及出锅时机,就必须有熟练的翻锅基本功加以配合。因此,翻锅技术运用的好坏,直接关系到火候掌握的恰当与否。假如基本功不熟练,应该翻锅时不能及时地翻,就会使原料不能均匀受热、菜肴不能熟透、调味品不能在原料中均匀地渗透、芡汁不能在菜肴中均匀地分布;还会造成出锅慢或出锅时间晚,导致菜肴过火,以致跑味。由此看来,翻锅这一基本功对于掌握火候是非常重要的。

模块三 调 味

一、调味的意义及作用

调味,就是在烹调过程中,使得原料(包括主料、辅料和调料)在刀工或火候等因素的作用下,经过一系列的物理和化学变化,形成馔肴味型的一项烹调操作技术。

人们饮食的目的是为了摄取食物中的营养素,获得热能,以促进人体的生长发育及新陈代谢。而调味则能刺激人们的食欲,增加人们的食量,增强人们的消化吸收功能。因此,在烹调技术中,调味与烹制占有同等重要的地位,任何一款菜肴,即便火候掌握得再好,如果不经过调味,也很难满足人们的需要。调味的作用有以下几个方面。

1. 增强食欲

烹制菜肴就是使原料变成富有滋味的食品,以增进人们的食欲,增加消化液的反射性分泌,增强消化吸收功能,以达到饮食的目的。

2. 确定菜肴的口味

每份菜肴特有的滋味主要决定于调味。例如,同样是肉丝,若使用鱼香味型的调味品,则可制成鱼香肉丝;若使用咸鲜味型的调味品,则可制成鲜(熘)肉丝。

3. 除异味,增美味

一般来说,水产品、牛羊肉以及动物内脏,往往都有不同程度的腥膻气味,这种异味常常影响人们的食欲。为了更加突出这些原料的美味,常使用一些调味品(如葱、姜、料酒等),尽可能地去除异味。另外,有些烹调原料本身鲜味差,如鱼翅、海参、粉条、豆腐等,必须依靠调味来增加鲜味,使其成为鲜美可口的菜肴。

4. 突出地方菜肴风味

调味可以使菜肴具有地方风味特点。例如,人们一提起麻辣味厚、鱼香味醇的菜肴,就会联想到川菜。所以,调味在各种地方菜的不同运用中,既有共性,也有个性,是形成地方风味的重要因素。

5. 创新菜肴

菜肴的变化、创新可以从不同的角度来考虑,如刀工、配料、烹调方法、造型等,除此之外,调味也是很重要的一个角度。

另外,调味对菜肴的色泽也有一定的影响。

二、基本味、复合味及常用味型

1. 基本味

基本味是单一的原味,任何复杂的味道都是由各种基本味复合而成的,所以基本味也称为母味。主要的基本味有以下几种。

(1)咸味。咸味是大多数味型的主味。一般菜肴大都适当有些咸味,然后再配合其他味道。例如,糖醋菜的口味是酸甜味,但也要先放点盐,如果不加盐,完全用糖和醋来调味,反而很难吃。称咸味是主味也是因为它能起到多方面作用。例如,咸味不仅能解味,而且能除腥去膻,突出原料的香鲜味道。咸味调味品有盐和带盐分的其他调味品,如酱油、黄酱等。

(2)甜味。甜味按用途来说,仅次于咸味。它除了是各类甜菜的主味外，还可和其他味一起复合成各种美味。尤其是在我国南方地区，大部分菜肴都以甜味为主。甜味有去腥解腻的作用，把甜味使用在某些动物性原料上，还有增加鲜味的作用。甜味的来源：除原料本身含有糖类物质，在加热过程中因酶的作用产生甜味以外，甜味的来源主要是带甜味的各种糖类。

（3）酸味。酸味是许多菜肴不可缺少的味道，尤其烹调鱼类等水产品原料时。因为酸味在除腥方面比其他味的作用更强，加之其还有促进钙质食物分解、帮助消化的功能，烹制鱼类时加上酸味，会使鱼骨酥软。就地方口味特点来说，我国山西等地常把酸味作为主味。酸味的来源：除了某些原料发酵后其本身会具有酸味以外，酸味主要是从醋类（红醋、白醋、黑醋）及酸梅、红果等酸果中取得。

（4）辣味。辣味是菜肴调味中刺激性最强的味道。它的作用除了除腥解腻外，主要是强烈地刺激食欲，帮助消化。辣味的调味品主要有：鲜辣椒、辣椒粉、辣椒糊、胡椒粉、生姜、姜粉等。

（5）香味。香味除了能冲淡腥膻气味外，主要是能增强食物的芳香气味，刺激食欲。香味的种类最多，除了某些原料本身含有醇、酯、酚等有机物质，受热后会散发出各种芳香气味外，菜肴主要靠调味品增加各种各样的香味，如酒、葱、蒜、香菜、芝麻、麻酱、酒糟、桂花、玫瑰、桂皮、茴香、花椒、五香粉、麻油以及各种香精等。

（6）鲜味。带有鲜味的调味品，可使鲜味微弱或基本无味的原料增加鲜味，以刺激人们的食欲。鲜味的来源：除了原料本身含有氨基酸等物质，受热后产生鲜味以外，带有鲜味的调味品是给菜肴增加鲜味的主要来源。鲜味调味品主要有味精，此外还有虾、蟹、耗油、鲜汤等。

（7）苦味。苦味本来是一般人不喜欢的口味，但在烹调某些菜肴时，略加一些带有苦味的调味品，可使菜肴具有一种特殊滋味，对刺激人们的食欲也有好处。苦味主要是从能作调味品的中药中取得，如杏仁、柚皮、陈皮、槟榔、白豆蔻、贝母等。

2. 复合味

复合味是由两种或两种以上基本味的调味品调和而成的味道。其种类很多，通常使用的有以下几种。

（1）酸甜类。如糖醋汁、番茄酱、山楂酱等。

（2）甜咸类。如甜面酱等。

（3）鲜咸味。如虾油、虾子酱油、豆豉、虾酱等。

（4）辣咸味。如辣油、辣豆瓣酱、辣酱油等。

（5）香辣味。如咖喱汁、咖喱油、芥末糊等。

（6）香咸味。如椒盐、葱椒泥等。

这些复合味的调味品，大部分是副食商店出售的加工复制品，但是，其中也有部分是厨师自己加工复制的。由厨师加工的复合味调味品，有的属于特殊味型，有的起辅助调味的作用，有的则是构成味型的主要调味品。

3. 常用味型

味型是指用各种调味品（包括单一味与复合味）调和而成的、具有各自本质特征的风味类别，它是形成菜肴口味多样化和地方风味的关键所在。

中国是世界上制作和使用调味品最早的国家。在长期的生活实践中，人们总结和积累了丰富的调味知识，并结合本地的风俗习惯和饮食嗜好，创造了许多具有浓郁民族特色的美好味型，比较典型的味型有以下几种。

（1）糖醋味型。糖醋味型是深受欢迎的大众味型，特点是甜酸味浓，回味咸鲜。它的应用范围较广，冷、热、荤、素、生、熟均宜。糖醋味型是用糖、醋、酱油、盐、葱、姜、蒜等调味品调制而成。调制时，必须以适量的咸味为基础（包括原料的底味），重用糖、醋，以突出浓郁的甜酸味。糖醋味型的菜肴有糖醋里脊、糖醋全鱼、糖醋白菜等。

（2）咸鲜味型。咸鲜味型是制作较为简单、使用最为普遍的味型之一，特点是具有咸鲜清香味。其主要调味品是盐、酱油、味精、香油、葱、姜、鲜汤等。由于其使用广泛，调制时必须结合原料的特点、菜肴的要求（如白汁菜就不能加酱油）及四季气候灵活运用，注意掌握鲜味的适度，以突出咸味（包括突出各类原料本身的清鲜味）为主。咸鲜味型的菜肴有银芽鸡丝、清炒虾仁、菜心鹌蛋等。

（3）荔枝味型。荔枝味型也是常用味型之一，南方的使用多于北方，特点是小酸小甜，回味鲜甜，好似吃荔枝后的感觉，多用于热菜，以荤菜原料为主。其主要调味品是盐、番茄酱（主要取其色，亦有用红曲粉的）、白糖、醋、味精、葱、姜、蒜（部分地区不用蒜）、料酒等。制作时要求色泽红润，在有足够咸味的基础上，显示酸味和甜味，并要求酸略大于甜。荔枝味型的菜肴有杨梅肉丸子、荔枝肉卷、茄汁虾仁锅巴等。

（4）酸辣味型。酸辣味型是北方常用味型之一，特点是酸辣咸香，回味深长，多用于汤菜和拌菜。酸辣味型以盐、醋、辣椒、胡椒粉、酱油、料酒、味精、葱、姜、香菜、香油等调味品调制而成。制作时，酸（醋）、辣（胡椒粉、辣椒）、咸（盐）三味要协调适中（指下料、定味准），这样才能回味深长。这种味型多在冬季应用，典型菜肴有酸辣肚丝汤、酸辣鱿鱼卷、烩酸辣三丁等。

（5）麻辣味型。麻辣味型各地均有应用，以四川较为经典，特点是麻辣味厚，咸鲜而香，广泛应用于冷、热菜肴，还适合面食和小吃。麻辣味型主要由辣椒、花椒、盐、味精、料酒、酱油、红油、白糖等调味品调制而成。麻辣味型适应范围较广，其中花椒和辣椒的运用因菜而异，有的用辣椒段，有的用辣椒面，有的用辣椒油；有的用花椒粒，有的用花椒面。调制时必须掌握麻而不燥、辣而不酷的原则，以咸味为基础，突出麻香、辣香（故而有时要加入适量的醋、白糖、香油等），回味鲜香。麻辣味型的菜肴有麻辣牛肉丝、麻辣鸡块、麻婆豆腐等。

（6）五香味型。五香味型是各地常用的味型之一。所谓"五香"，是以数种香料烧煮食物的传统说法，其实所用的香料并非五种，而且具体哪几种也没有硬性规定，都是根据各地的实际情况、菜肴的特定要求而灵活选用。使用的香料通常有八角、小茴香、丁香、甘草、肉桂、草果、花椒等，并佐以盐、料酒、葱、姜等。其特点是鲜香浓郁，耐人寻味。五香味型广泛应用于冷、热菜肴，如五香鱼、兰花豆腐干等。

（7）咸甜味型。咸甜味型是比较有特色的味型之一，特点是咸甜并重、兼有鲜香，南方菜应用较多。咸甜味型以盐、白糖（或冰糖、糖桂花等）、料酒、酒酿、五香粉（或五香大料）、葱、姜调制而成。调制时，可根据菜肴风味的需要酌情增减，咸甜两味可有所侧重，或咸略重于甜，或甜略重于咸。咸甜味型多适用于动物性原料，如酒酿火腿片、蜜汁火方、冰糖肘子等。

（8）纯甜味型。纯甜味型是常用味型之一，特点是纯甜而香，多用于热菜，亦用于冷菜。纯甜味型主要用白糖、冰糖调味，依不同菜肴的风味需要，可佐以适量的蜂蜜、食用香精、糖桂花及各种果汁。调制方法主要有蜜汁、桂霜、糖水等。无论用哪一种方法，均需掌握用糖分量和季节性，冬宜浓，夏宜淡。纯甜味型的应用范围为各类果干、鲜水果及银耳、哈士蟆、蚕豆等，如水晶梅杏、蜜汁莲子、炖冰糖银耳等。

（9）椒麻味型。椒麻味型是传统味型之一，特点是辛麻咸香、清鲜爽口。它的调制方法是将花椒、小葱叶一起放在砧板上，拌湿并铡剁成蓉泥，再配上酱油、味精、香油调制而成。调制时需选用优质花椒和鲜嫩小葱叶，使花椒的麻香与葱叶的清香味融合在一起，方能体现其风味。应用时多将兑好的清汁烹入炸过的菜肴中或拌入经过初步熟处理的原料中，如葱椒里脊、炝活虾、椒麻兔丝等。

（10）香辣味型。香辣味型是比较受欢迎的味型之一，特点是辣香咸鲜，风味独特。形成香辣味型的主要方法有以下几种。

1）咖喱香辣味。咖喱香辣味的主要原料是咖喱粉、圆葱、姜末、香叶等。调制时先起锅烧油，油热后将圆葱、姜末煸炒出香味，然后投入咖喱粉，炒透后再加入香叶，即成香辣浓郁的咖喱汁。其应用范围较广泛，冷、热、荤、素均宜，如咖喱鸡块、咖喱菜花等。

2）芥末香辣味。芥末香辣味主要用芥末粉调制而成。芥末粉本身略带苦味，需经过拌制，才能产生香辣的味道。调制时先将芥末粉加温开水和醋少许调拌，然后加入熟植物油，略加一些糖。其用量为：水与醋约占 3/4，油占 1/4。调成糊状后盖上盖焖半小时左右，才能除去苦味，突出香辣味。芥末香辣味主要用于调拌凉菜，如芥末肘子、芥末梅豆、芥末鸭掌等。

3）红油香辣味。红油香辣味主要是用辣椒油（亦有用辣椒节、豆瓣辣酱的）、盐、料酒、味精、葱、姜调制而成，特点是香辣咸鲜，广泛应用于冷菜。调制时，可酌情加入少许糖或醋（但甜味和酸味不能出头），以中和燥辣，产生香辣味。红油香辣味的菜肴有红油肚丝等。

各地还有一些特殊味型，如四川的鱼香味、陈皮味、怪味，山东的酱香味，福建的糟香味，以及带有共性的烟香味、醋香味、蒜香味等。

三、烹调中的调味方式及其原则

菜肴在烹制过程中进行调味，针对不同的菜肴，既要明确各种调味品的作用，把握好调味的最佳时机，也要掌握各种调味品的用量和顺序。有些菜肴只需要一次调味，有些菜肴则需要在烹调中或烹调后调味，这要根据具体菜肴而定。

1. 调味的方式

（1）一次性调味。一次性调味指的是菜肴只需在烹调前、烹调中或烹调后进行一次调味，就能完成菜肴风味的调味方法。

1）烹调前一次性调味，是指在菜肴烹制之前一次性加入所需要的各种调味品，完成菜肴调味的方法，这种调味方法一般适用于蒸制的菜肴，如粉蒸肉、粉蒸全鸡等。

2）烹调中一次性调味，是指在菜肴原料热处理加工中一次性加入所需要的调味品，完成菜肴调味的方法。这种调味方法适用于炒、烧、烩等烹调方法制作的菜肴，如炒蔬菜、红烧肉、扒菜心等。

3）烹调后一次性调味，是指在菜肴原料经过热处理加工后一次性加入所需要的调味品，完成菜肴调味的方法。这种调味方法一般适用于凉拌类菜肴的调味，如蒜泥白肉、糖醋蜇皮等。

（2）多次性调味。多次性调味是指菜肴在烹调过程中，需要在烹调前、烹调中、烹调后进行两次或三次调味，才能完成菜肴风味的调味方法。

1）烹调前的调味。烹调前的调味也称基础调味（行业上俗称码味），是指烹调前先使已加工成形的原料有一个基本味，同时也除去一些原料的异味。例如，对某些动物性原料，先用盐、料酒、姜、葱等进行基础调味，这就是烹调前的调味。

2）烹调中的调味。在烹制菜肴的过程中进行调味，也称定味调味，即在基础调味的基础上再进行一次调味，以确定菜肴的最终味型，这种调味方法在爆、炒类菜肴中使用最多。

3）烹调后的调味。烹调后的调味即在菜肴原料经加热烹制后进行调味，也称辅助调味。因为有些菜肴在烹调前、烹调中进行的调味都不能满足菜肴的调味要求，必须在烹调后再次进行辅助调味，才能使菜肴味道更加完美。例如，一些炸菜烹制后撒椒盐或白糖，一些汤菜烧好后淋香油、鸡油等。

2. 调味的原则

由于各种菜肴原料的性质、形态、原味不同，各地方口味的要求也不同，即便属于同一类烹调方法，每道菜肴在具体操作上也各有差异，因而要恰当掌握菜肴调味的种类、数量、时机和方法。一般来说，调味必须掌握以下几项原则。

（1）下料必须恰当。烹制什么菜肴，应使用什么调料，每种调味品应该下多大分量，这些都必须掌握得非常精确恰当。这就要求操作者必须了解每种菜肴中应具有几种味，以哪一味为主，且主味料必须多投，才能达到突出主味的目的。例如，有些菜以酸甜味为主，其他为辅；有些菜以麻辣味为主，其他为辅。操作者不但要熟练掌握这些常识，而且不论做多少次，口味都要保持一致。

（2）要适应地方口味。不同地区的人们多年来受产物、气候以及风俗习惯的影响，口味各有不同，如江苏人喜吃甜味、山西人喜吃酸味、四川人喜吃辣味、山东人喜吃葱蒜等，这就要求调味时要适应地方口味。

（3）要结合季节变化进行调味。人们的口味会随季节的变化而变化。例如，天气炎热的时候，人们出汗导致损失水分较多，口干舌燥，希望吃清淡多汤的食物，这样既能补充体内水分又能补充盐分；天气寒冷的时候，人们喜欢吃辣的。所以投料多少要考虑到季节的变化。

（4）要根据原料的不同性质适度调味。例如，制作新鲜的原料时，为了保持其鲜美滋味，口味不宜过重，以免压住原有的鲜味。像制作新鲜的鸡、鸭、鱼、虾等原料时就不能太咸、太甜或太辣。制作腥膻味比较重的原料时，就要适当地多加一些去除腥膻味的调味品。如制作牛肉、羊肉、鱼、畜肉内脏等食物时，就要酌情多加一些酒、醋、葱、姜、糖等调味品。制作本身无多大鲜味的原料时，就要适当地增加鲜味，如鱼翅、海参、燕窝等原料，本身没有什么滋味，必须加入好的鲜汤，以弥补滋味的不足。

四、调味品的处置

调味品的处置包括调味品的盛装、整理和放置。这些处置过程虽然和烹调技术没有直接关系，但是如果处置不当，可能会使调味品变质，从而影响菜肴的质量，严重的还会造成浪费或食物中毒等重要事故。

1. 合理盛装

盛装调味品的容器必须根据调味品的物理性质与化学性质而定。例如，调味品有液体，有固体，有怕光的，有怕潮的，有容易挥发气味的，有怕冷的，有怕热的，还有容易和其他物质起化学作用而变质的。例如，金属器皿就不宜盛装含有盐分和有酸味的调味品；油类怕光，受光照后容易氧化变质，不耐久藏；酒、香糟等调味品容易挥发气味，必须盛装在密闭的容器内；花椒粉、味精等怕受潮，必须盛装在不受潮的容器之内；等等。

2. 合理存放

为了把各种调味品保存好，必须注意存放环境的温度、湿度和其他自然条件。例如，温度过高，糖易融化，醋易浑浊；温度过低，葱、蒜等容易冻坏变质；环境太潮湿，盐、糖易融化，酱类容易发酵霉变；环境过于干燥，葱、蒜等容易干枯变质；光线过强，油类易变质，姜易生芽；香料接触空气易挥发掉香味；等等。

3. 购存处理

为了保持各种调料的原味，使制出的菜肴滋味醇正，必须注意各种调味品的购存整理。购存和整理的原则是：一是按使用量进货；二是不耐储存的调味品，如湿生粉、香糟、切碎的葱花、姜末等不要加工太多；三是不同性质的调味品要分类储存，以免互相串味、混杂，从而影响质量，如用过的植物油和未用过的植物油不能掺在一起，气味不同的香料不能搁置在同一橱内；四是勤检查，如炸过菜肴的浑油每日用后都要煮一次，以防变质。

4. 合理安放

调味品的合理放置关系到菜肴的质量和制作菜肴的速度。盛放各种调味品的容器放得离锅近些还是远些，是一个很重要的问题。安放原则是：先用的放近些，后用的放远些；常用的放得近，少用的放得远；有色的放得近，无色的放得远；急用的放得近，缓用的放得远；湿的放得近，干的放得远。例如，油、酱油等调味品，使用次数较多而且是湿料，一般放置得离锅近；糖、盐、味精等调味品用的次数较少，而且是干料，一般放置得离锅较远。这样不仅使用方便，而且可以避免湿料把干料弄湿。如果不同的调味品颜色、形态相似，放置时应该相互隔开，以免混淆，如料酒和醋应该隔开，糖和盐应该隔开。

模块四　原料的初步熟处理

一、焯水

1. 焯水的作用

焯水是指根据烹调的需要，把经过初步加工的原料放在水锅中，加热至半熟或刚熟的状态，随即取出，以备烹调或切配后再烹调之用。

需要焯水的原料比较多，大部分蔬菜及一些有血污或有腥膻气味的肉类原料都应进行焯水。其作用是：

（1）可使蔬菜色泽鲜艳、口味脆嫩，并除去苦、涩、辣味。例如，菠菜、油菜、苔菜等绿叶菜类焯水后，可使其色泽更加鲜艳、口感保持脆嫩；笋焯水后除去了涩味；萝卜焯水后可除去辣味；等等。

（2）可使禽、畜类原料排出血污，除去异味。例如，鸡、鸭肉等通过焯水可排出血污，牛、羊肉及内脏等通过焯水还可除去腥膻味。

（3）可缩短正式烹调时的加热时间。原料经过焯水后，呈半熟或刚熟状态，正式烹调时，就可大大缩短成熟时间，这对一些必须在极短时间内完成烹调的菜肴更为有利。

（4）可以调整不同性质的原料的成熟时间，使其在正式烹调时成熟时间一致。各种原料由于性质不同，所需成熟时间也不相同，如果把成熟时间长短不一的原料同时加热，必然导致这一部分原料成熟得恰到好处，而另一部分原料却不是半生，就是过熟，失去了美味。如果将经过较长时间的加热才能成熟的原料先行焯水，缩短正式烹调的成熟时间，就能使之与其他原料的成熟时间基本一致。

（5）可使原料便于去皮或切制成形。有些原料如山药、芋艿、马铃薯等，生料去皮比较困难，但焯水后去皮就很容易。又如肉类、笋、藕等，焯水后比生料便于切制成形。当然，原料是否需要先焯水再去皮，或焯水后再切制成形，应根据烹调的具体要求决定。

2. 焯水的分类

根据水温不同,焯水一般可分为冷水锅和沸水锅两大类。

(1) 冷水锅。冷水锅是把需要焯水的原料与冷水同时下锅。植物性原料中,冷水锅焯水适用于笋、萝卜、芋艿、山药、马铃薯等根茎类菜。因为这类原料的体积较大,组织紧密,需要加热时间较长才能成熟,如沸水下锅,会发生外烂内生的现象,萝卜、笋等的辣味和涩味也不易清除。动物性原料中,冷水锅焯水适用于腥味重、血污多的牛肉、羊肉、大肠、肚等,因为这些原料如在水沸后下锅,表面骤受高温立即收缩,内部的血污和腥膻气味就不易排出,所以必须冷水下锅。

冷水锅的操作要点是:在焯水过程中,必须经常翻动原料,使各部分受热均匀;水沸后应根据原料的性质和切制、烹调的要求,恰当地掌握原料的成熟程度。

(2) 沸水锅。沸水锅是先将锅中的水加热煮沸,再将原料下锅。植物性原料中,沸水锅适用于需要保持色泽鲜艳、口味脆嫩的蔬菜,如白菜、菠菜、油菜、芹菜、莴苣等。这些蔬菜体积小,含水量多,如果冷水下锅,会使色素和纤维素遭到破坏,失去新鲜脆嫩的特点,所以必须在水沸后下锅,并用旺火加热。在动物性原料中,沸水锅适用于腥味小、血污少的原料,如鸡、鸭、蹄髈、方肉等,这些原料在水沸后下锅,就可除去血污和腥膻气味,不必用冷水锅进行处理。

沸水锅的操作要点是:原料在锅中水略沸后即应取出,特别是绿叶菜类,加热时间不能过长;易变色的蔬菜,焯水后应立即用冷水冲凉,直至完全冷凉为止。

3. 焯水应掌握的原则

（1）根据各种原料的不同性质，适当掌握焯水时间。各种原料一般均有大小、老嫩之分，在焯水时必须分别对待。例如，笋有大小、老嫩之分，大的、老的焯水时间应长一些；小的、嫩的焯水时间应短一些。如果焯水时间不足，就会感觉涩口；焯水时间太长，又会失去鲜味。又如，鸡肝嫩，可以在水沸后立即取出；鸭肝老，应在水沸后加少许冷水，再沸后才能取出。

（2）有特殊气味的原料应与一般原料分别焯水。有些原料往往具有某种特殊气味，如萝卜、芹菜、羊肉、大肠等。这些原料如果与一般无特殊气味的原料同锅焯水，就会使一般原料也沾染上特殊气味，影响口味，因此必须分别焯水。

（3）深颜色原料与浅颜色原料应分别焯水。焯水时应该注意原料的颜色，深色原料与浅色原料一般不能同锅焯水。例如，深色的菠菜、油菜，如果与浅色的山药、茭白等同锅焯水，山药、茭白就会染上一些绿色，从而影响美观，因此必须分别焯水。

4. 焯水对原料营养价值的影响

焯水是最常用的初步熟处理方法之一，有优点，但也有缺点。原料在水中加热时，会发生种种化学变化，有些变化是好的，是需要利用的。例如，萝卜中含有黑芥子酸钾和淀粉，黑芥子酸钾能分解生成一种无色、透明、有辛辣味、易挥发的芥子油，当萝卜焯水时，芥子油会大部分挥发，而淀粉会被水解为葡萄糖。因此，生萝卜经过焯水处理，不但除去了辣味，而且增加了一些甜味。当然，焯水也会使原料发生不好的变化，因为原料在焯水过程中，很多不稳定的可溶性营养成分会从原料内部溢出，造成一定的营养损失。

例如，鸡肉、鸭肉等在焯水时，一部分蛋白质和脂肪会散失到汤中，如果汤还要利用，从整体看损失还不大。但焯水对蔬菜的影响则较大，因为新鲜蔬菜含有多种维生素，特别是含有大量的维生素C，而维生素C既怕热，又怕氧化，很容易溶解于水，因此蔬菜焯水极易造成维生素C的损失，尤其是有些蔬菜在焯水后还要用冷水冲凉，营养成分损失就更大了。

焯水虽然对原料的营养价值影响很大，应当研究改进，但焯水对构成菜肴的色、香、味、形都起着积极作用，所以，焯水仍然是烹调中的一项重要技术措施。

二、过油

1. 过油的作用

过油是将已成形的或已经焯水处理的原料放在油锅中，加热制成半成品，以备烹调菜肴用。

过油也是常用的一种初步熟处理方法，可以使原料滑、嫩、脆、香，还可以使原料色泽鲜艳，对丰富菜肴风味有很大作用。过油的技术要求较高，在过油时，如果油温、火候掌握不好，就会使原料出现老、焦、生等现象，或达不到香脆的要求，从而影响菜肴的质量。

2. 过油的分类

根据油温的高低及油量的多少，过油可分为滑油和走油两大类。

（1）滑油。滑油又称拉油、划油。它的适用范围很广，凡用爆、滑炒、滑（熘）以及烩等烹调方法制作的菜肴，其中的动物性原料大多要经过滑油。滑油的原料一般都是丁、丝、片、条、块等小型原料。滑油前，多数原料都要上浆，使原料不直接同油接触，这样水分不易溢出，原料能够保持柔软鲜嫩的特点。

滑油的操作要点是：滑油前，将锅洗净、烧热，油要洁净，尤其是植物油一定要事先烧透，否则会影响原料的色泽和香气，甚至会产生大量的泡沫溢出锅外，造成烫伤或失火事故。一般来说，原料投入油锅后，油温应始终保持在三成至五成热。因为油温过低会使原料脱浆，或者使原料变老，失去上浆的意义，同时油也会变得浑浊；油温过高会使原料粘连在一起，或使原料表面变得脆硬，失去柔软鲜嫩的特点。

（2）走油。走油又称炸，其适用范围也很广泛，凡用烤、烧及红扒、黄焖等烹调方法烹制的菜肴，其中的主料大多要经过走油。走油的原料，既有生料，也有已经焯水处理过的原料，一般都是较大的片、条、块或整只、整条的大型原料。走油时，有的原料需要挂糊或上浆，有的则需要码味后再投入大油量、油温高的油锅中，在油的高热作用下，原料表面迅速形成一层硬壳，这层硬壳既保持了原料内部的鲜嫩感，又可使原料在正式烹调后仍保持形态上的完整。同时，随着加热时间不同程度地延长，还会使原料外表呈现出各种美丽的颜色。

走油的操作要点是：走油时，锅中油量要多，能够浸没原料，油温一般在七八成热；有皮的原料，下锅时必须让皮朝下、肉朝上，使皮面多受热，达到涨发松软的要求；原料下锅后，表面的水分因骤受高温而立即汽化，会带着热油四处飞溅，容易造成烫伤事故，所以应采取防范措施。此外，由于热油的飞溅，锅内会发出油爆声，待油爆声变得微小时，说明原料本身的水分基本已蒸发，这时要用漏勺缓缓推动或翻动原料，以防原料粘锅或炸焦，同时应掌握好原料的硬度和颜色,随时准备在原料质量达到最佳时捞出。

3. 油温的识别和掌握

油温是指锅中的油经过加热所达到的温度。过油时,必须识别和掌握油温,否则就难以利用温度变化对原料进行恰当的初步熟处理。

(1) 油温的识别。识别油温是掌握油温的前提。油温一般可分为三类,见表4-1。

表4-1　　　　　　油温的分类

名称	俗称	温度	一般油面情况	原料下油锅后的反应
温油锅	三四成热	100~150 ℃	无青烟、无响声,表面较平静	原料四周出现少量气泡
热油锅	五六成热	150~200 ℃	微有青烟,用手勺搅动时微有响声	原料四周出现大量气泡,无爆声
旺油锅	七八成热	200~250 ℃	有青烟,油面较平静,用手勺搅动时有较大响声	原料四周出现大量气泡,并带有轻微的油爆声

(2) 油温的掌握。在过油时,不仅要正确识别油温,还必须根据火力的大小、原料的形状、投料的多少等因素,正确掌握油温。

1) 根据火力大小掌握油温。用旺火加热,原料下锅时油温应低一些,因为旺火可以使油温迅速升高,如果原料在火力旺、油温高的情况下下锅,极易造成粘连、外焦内生的现象。用中火加热,原料下锅时油温应高一些,因为以中火加热,油温上升较慢,如果原料在火力不太旺、油温低的情况下入锅,则油温会迅速下降,造成脱浆、脱糊的现象。在过油的过程中,如果发现火太旺、油温上升太快,应立即端锅离火或部分离火,也可在不离火的情况下加入冷油，使油温降至适当的温度。

2）根据原料的性质形状掌握油温。原料质老或形态较大的，下锅时油温应高些，让热量较容易传入原料内部；原料质嫩或形态较小的，下锅时油温可低些；投料量多，下锅时油温应高一些，因为投料数量多，油温必然大幅度地迅速下降，而且回升慢；投料量少，下锅时油温应低一些，因为投料量少，油温降低的幅度也小，而且回升快。

以上原则不是孤立的，必须根据具体情况灵活掌握。

4. 过油时应掌握的要点

使用过油的方法对原料进行初步熟处理，应注意掌握以下操作要点。

（1）原料应分散下锅。原料挂糊、上浆时，一般应分散下锅，如果是丁、丝、片等小型原料，需要抖散下锅，以便受热均匀，下锅后还应滑散，以免其粘连在一起。滑散原料的时机要恰当，滑得过早会破坏原料上的糊浆，造成糊浆脱落；滑得过晚原料会相互粘连。

（2）需要表面酥脆的原料，过油时应该复炸。有些经过挂糊且较大的原料，如果需要表面酥脆，必须复炸一次（成为重油），不可一次炸成，因为若一次炸成，原料在较高的温度下或较长的加热时间中，会形成外焦里生或内外干硬的状态，无法取得表面酥脆、内部软嫩的效果。所以，一般应先用温油炸制，待原料内外熟透时捞出，待油温上升到旺油锅时，将原料再下锅复炸一次，这样就可以使原料表面焦脆、内部软嫩。

（3）需要保持白色的原料，过油时多选用干净的猪油。因为过油时油的质量对色泽影响很大，一般来说，猪油可使原料色泽较白，但火力不能太旺,油温不能太高,加热时间不能过长。

三、走红

1. 走红的意义及范围

走红是指将原料(一般为动物性原料)投入各种有色调味汁中加热,或在原料表面涂抹上某些有色调味品后再油炸,使原料上色的一种熟处理方法。

走红主要适用于制作烧、焖、煨等类菜肴的韧性原料,如鸡、鸭、猪肉、蛋等。原料经过走红处理,不仅色泽红润美观,而且滋味更加醇厚。

2. 走红的分类及方法

走红根据其方法可分为两类:一种是卤汁走红,另一种是过油走红。

(1) 卤汁走红。卤汁走红是把经过焯水的原料或生料放入锅中,加入酱油、绍酒、糖(或糖色)、水等,先用旺火烧沸,随即改用小火加热,使调味品的色泽缓缓进入原料,直至原料色泽红润。

(2) 过油走红。过油走红是把酱油或糖色等有色调味品先抹在原料表面(擦干表面水分),再将其下到油锅中炸(一般选用植物油),直至原料上色。

3. 走红时应掌握的要点

(1) 卤汁走红时应掌握好卤汁颜色的深浅,使其色泽符合菜肴的需要。卤汁走红时先用旺火烧沸,再改用小火继续加热,使味和色缓缓浸透原料,同时还要掌握好原料的成熟程度及卤汁与原料的比例。为了防止原料粘锅,可选用鸡骨、鸭骨、竹箅等垫底。

（2）过油走红时，涂抹在原料表面的调味品一定要均匀，以保证原料上色一致。走红时的油温应掌握在五六成热。

模块五　烹调的辅助手段

挂糊、上浆、勾芡是烹调的重要辅助手段，也是烹调技术中十分重要的三项技法。这三项技法可以改变原料的质地，增加菜肴的营养，丰富菜肴的色泽，为烹制菜肴提供方便。烹调中许多菜肴的制作都离不开这些技法，且菜肴的许多特点正是通过挂糊、上浆、勾芡来实现的。因此这三项技法掌握得如何，对运用烹调方法烹制菜肴影响极大，认识和掌握这些烹调的辅助手段，也是认识和掌握烹调方法的前提。

一、调制糊、浆、芡所用的原料

调制糊、浆、芡所用的原料虽有所不同，但大体上都是由淀粉、鸡蛋、水、膨松剂、油脂、面包渣及果仁等构成。这些原料的物理和化学性质决定了糊、浆、芡在烹调中的作用。

1. 淀粉

淀粉是挂糊、上浆、勾芡三种烹调辅助手段不可缺少的原料。淀粉的糊化性能在挂糊、上浆、勾芡中被充分利用。淀粉的糊化原理前面已做过介绍，在此结合挂糊、上浆、勾芡介绍一下淀粉的老化问题。

淀粉溶液经缓慢冷却，或淀粉凝胶经长期放置后，会变得不透明甚至产生沉淀,这就是淀粉的老化。淀粉的老化现象在烹调中经常遇到,会给挂糊、上浆和勾芡的菜肴的品质带来一些不利影响。例如,挂糊后的菜肴经一段时间的放置,表面会有许多水分析出,使菜肴失去饱满、酥脆、外脆里嫩等特点;又如,勾芡的菜肴经过放置后,会失去光泽,汤汁浓度有所下降(也就是平时说的泄汁)。上述现象的发生主要是因为淀粉发生了老化。淀粉的老化不但影响菜肴的品质,而且淀粉酶还不易发生作用,使菜肴的消化吸收率降低。淀粉的老化是一种普遍现象,如馒头、面包的发硬。烹调中防止淀粉老化的办法是控制菜肴的温度。淀粉老化最适宜的温度为 2~4 ℃,60 ℃以上或 20 ℃以下、4 ℃以上都不易发生老化。因此,用挂糊、上浆、勾芡等技法辅助烹制的菜肴要趁热食用。另外,糊化后的淀粉在逐渐冷却的过程中,分子功能降低,原有相邻分子的氢键结合又逐渐恢复,形成微晶状结构,使糊化过程中结合的水大量析出。所以,挂糊的胚料,最好现烹现挂。

(1) 淀粉在糊中的作用。淀粉会与糊中的蛋白质等发生美拉德反应,自身发生焦糖化反应。美拉德反应是在无水高温下进行的,反应的结果是生成各类低分子物质,使菜肴具有诱人的香气和色泽。淀粉还可通过糊化,使糊具有一定的黏度,使菜肴的品质达到规定的要求。

(2) 淀粉在浆中的作用。上浆的原料一般采用中油温烹制,加之浆中含水量很大,所以淀粉在浆中一般不易发生美拉德反应和焦糖化反应。但淀粉在上述条件下却能较充分地糊化,使浆具有较好的黏性,并紧紧地裹在原料上。

(3) 淀粉在芡中的作用。淀粉与菜肴中的汤汁结合会发生糊化。

勾芡就是利用淀粉糊化过程中需要吸水这一原理，使菜肴的汤汁变得浓稠。勾芡还利用了淀粉的旋光性，为菜肴增加光泽。

2. 鸡蛋

鸡蛋是挂糊、上浆的重要原料，既可为菜肴增加营养、丰富色泽、改变质感，又可作为溶剂代替水起调和糊、浆的作用。

（1）蛋白的起泡作用。蛋白是一种亲水性胶体，具有良好的起泡性，经强烈搅拌后，蛋白膜将混入的空气包围起来而形成泡沫。由于蛋白表面张力的作用，迫使泡沫成为球形。不仅如此，蛋白胶体本身的黏度和淀粉等原料的介入，使得这种泡沫变得非常浓厚和坚实，泡沫的稳定性有所增强。烹调中利用蛋白的起泡性，可以制作蛋泡糊，挂蛋泡糊烹制的菜肴具有松软鲜嫩的质感。此外，由于蛋液具有良好的亲水性（变性前）和疏水性（变性后），故使用蛋液上浆的菜肴质地滑嫩。

（2）蛋液的凝固作用。蛋液经加热后会变性凝固，这是蛋白质受热变性的缘故。挂糊、上浆的原料加热时，糊、浆中的蛋液通过变性凝固，很快在原料的外部形成一层保护膜，保护膜具有疏水性，可以阻止原料中的水分向外渗透和蒸发，使原料内部保持鲜嫩的质地。而凝固的蛋白、糊化的淀粉与菜肴中的汤汁结合，又给人以光滑的触感。

（3）蛋液的调色作用。糊、浆中的蛋液可以为菜肴形成两种颜色。当菜肴需要金黄色时，可用蛋黄或全蛋来调制糊和浆；当菜肴需要白色时，可用蛋清来调制糊和浆。

3. 水

水作为一种溶剂在烹调中起着广泛的作用，在糊、浆、芡的调制中,水也是作为溶剂出现的,是一种不可缺少的原料。

(1) 调节糊、浆、芡的浓度。芡汁、糊和浆的浓度对菜肴质量影响很大。芡汁浓度过大,会产生"芡硬"的后果。糊过稠会导致糊的表面不均匀、不光滑;糊过稀又难于黏附在原料的表面。浆的浓度太大,滑油时原料容易粘连,而且导致原料质老;如果浆的浓度太稀,又会产生"脱浆"的后果,既影响质感,又影响观感。在不使用蛋液的情况下,糊、浆、芡的浓度主要是通过水来调剂的。

(2) 为淀粉糊化提供水分。勾芡是利用淀粉的糊化来加工、烹制菜肴,淀粉在糊化时会吸收水分,以保证糊化的形成,糊、浆、芡中的水分就可以提供这种保障。因此,糊、浆、芡中的水分既要保障糊、浆、芡有适当的浓度,又要为糊化提供充足的水分。

4. 膨松剂

膨松剂可分为化学膨松剂和生物膨松剂两大类。糊和浆所用到的膨松剂均为化学膨松剂,现在普遍使用的是小苏打(碳酸氢钠),如苏打糊、苏打浆等。

小苏打为白色粉末,分解温度为60~150 ℃,产生气体量为216 cm^3/g,受热时的反应式如下:

$$2NaHCO_3 \xrightarrow{\Delta} Na_2CO_3 + H_2O + CO_2 \uparrow$$

由于反应有二氧化碳生成,所以可以使苏打糊酥脆丰满。苏打浆是利用小苏打在加热时生成水这一原理,为原料进一步补充水分,使原料的嫩度进一步提高,并在二氧化碳的促进下,加快原料的成熟速度。烹制蚝油牛肉时所使用的苏打浆,就是运用这一原理的典范。

5. 油脂

油脂在糊、浆、芡的应用中具有广泛的使用前途，就目前情况来看，油脂在糊、浆、芡中的使用需要进一步拓展。

（1）可以使糊起酥。在调糊时加入油脂，可以使蛋白质、淀粉等成分微粒被油膜包围，形成以油膜为分界面的蛋白质或淀粉的分散体系。加热后由于上述体系的作用，使糊的组织结构极其松散。在高温、干燥状态下，糊会具有酥、脆、香的品质。这种手法在酥糊中的应用较多。

（2）防止原料粘连。糊和浆往往使挂糊和上浆的原料成团，过油时为了防止原料互相粘连，要将原料抖散入油。如果入油前在糊或浆的表面稍抓一点儿油脂，便可避免原料的互相粘连。

（3）提高芡汁的亮度。糊化后的淀粉实际上是一种溶胶，具有较低的旋光性。勾芡时，把芡汁淋入锅中后，在加热状态下芡汁会吸水膨胀，形成上面所说的溶胶，但这种溶胶的光度很暗。如果在芡汁糊化的同时，向锅中淋入明油，明油就会被裹在芡汁中，这样芡汁的光度会大幅度提高。但是，如果在芡汁糊化过程结束后再淋入明油，由于明油在糊化体系以外，因此芡汁的亮度得不到提高。

6. 面粉

调制糊时，有时要使用一定量的面粉。面粉的主要成分是淀粉、蛋白质、脂肪、粗纤维、少量的无机盐及维生素等，其中能对糊产生影响的是淀粉和蛋白质。淀粉可以吸收原料表面的水分发生糊化；蛋白质则可与糊化的淀粉结合，利用自身的弹性、韧性提高糊的强度。挂糊时使用面粉，有时是单独使用，有时与其他淀粉结合使用，其作用是一样的。

7. 面包渣及果仁

面包渣及果仁是糊的表面原料,用以改善糊的质感,调剂糊的颜色,增加菜肴的营养和香味。在糊的应用中,可以作为表面原料的果仁有黑芝麻、白芝麻、核桃仁、瓜子仁、椰蓉等。

二、挂糊

挂糊是按照菜肴特点的要求,将整个或改刀的动植物原料用淀粉等辅料调制的粉糊裹抹,加热后使原料表面形成厚壳的一种烹调辅助手段,是炸、煎、塌、焦熘等烹调方法常用的辅助技法。原料挂糊后再烹可使菜肴形成许多特色,但挂糊一般仅适用于整个或形态较大的原料。调制粉糊的原料很多,通常使用的有淀粉、面粉、鸡蛋、发酵粉及液粘的面包渣、果仁等。不同的原料适用不同的糊,不同的烹调方法使用不同的糊。糊与烹调方法及原料巧妙地结合,丰富了菜肴的风味特色。

1. 粉糊的分类

(1) 水粉糊。水粉糊由水和淀粉调制而成,在油温较高时具有脆硬的质感,因此也称硬糊,适用于干炸、焦熘、炸烹等烹调方法。原料挂上水粉糊再烹,可形成外脆里嫩的质感特点,如糖醋鱼、焦熘肉段等。

(2) 蛋清糊。蛋清糊由鸡蛋清和淀粉调制而成,用温油加热,具有软嫩的质感。蛋清糊适用于软炸类菜肴,个别焦熘菜和某些炖菜也适用蛋清糊。原料挂上蛋清糊再烹,具有松软鲜嫩的质感特点,如软炸鸡、熘虾段等。

(3) 蛋泡糊。蛋泡糊由蛋清泡和淀粉调制而成，部分地区称为高丽糊。此糊适合于中温和低温油，具有洁白松软的质感，是松炸、挂霜等烹调方法常用的糊种，如夹沙香蕉、雪衣鱼条等。

抽打蛋泡时，要用筷子或打蛋器将蛋清顺一个方向旋转抽打，开始气泡很大、很少，抽打至起泡特别多、特别小时，筷子插其中可立住，此时即可加淀粉制成糊。

(4) 全蛋糊。全蛋糊是由蛋清、蛋黄和淀粉调制而成的，用中温油和高温油烹制，具有色泽金黄和酥脆的质感特点，因此也被称为酥黄糊。全蛋糊适用于酥炸、黄焖、拔丝、清蒸等烹调方法，如香酥鸡、山东酥肉等。

(5) 拍粉拖蛋糊。拍粉拖蛋糊是在原料表面拍上面粉或淀粉，然后从搅散的蛋液中拖过，最后粘上面包渣或果仁的一种特殊糊。此糊经中至高温油烹制，具有表面酥脆的质感特点，适用于炸、焦熘、烹等烹调方法，如炸鸡排、番茄牛排等。

针对菜肴的不同风味特色，拍粉拖蛋糊还可以分解使用，比如原料表面仅仅拍上干粉即可烹调成菜，具有干硬挺实的特点，多用于炸或煎；拍粉拖蛋后表面不再粘其他原料而是直接烹调，常用于煎、塌、炸、黄焖等烹调方法，成品具有外脆里嫩、色泽金黄、柔软酥烂的特点。

各地还有许多很有特色的糊种，这里不再一一介绍。

2. 挂糊的作用

(1) 保护营养素。原料挂糊后再烹，可以起到保护营养素的作用。第一，可防止脂溶性与水溶性物质溶于传热介质中。脂肪、磷脂、维生素 A、生育酚等属于脂溶性物质，原料若在油中直接加热，这些物质便会溶解在油性传热介质中，造成营养素的损失。抗坏血酸、核黄素、生物素等水溶性物质又会溶解在水性传热介质中。在原料表面挂上糊就可以防止某些营养素的流失。第二，防止高温直接作用于原料而破坏营养素。烹调原料主要由有机成分组成，具有不耐高温的通性，若在烤、炸等高温加热下，糖类会碳化，蛋白质会焦化，维生素会分解，原料不仅会失去营养成分，还会产生某些有毒物质，挂上糊可使原料间接受热，相对降低受热温度。

（2）调剂营养。挂糊不仅能保护营养素，而且还可对膳食的营养成分进行调剂。适于挂糊的原料多半是含蛋白质、脂肪较多的动物性原料，而调糊使用的原料多数含糖类较丰富，如淀粉、面粉、面包渣等，这样在摄入蛋白质、脂肪的同时摄取一定的糖，可以起到膳食平衡的效果。另外，糊中的糖类在体内氧化供能，不仅能节约脂肪的供热消耗，而且还可促进蛋白质、脂肪的进一步吸收。

（3）保持水分。烹调原料或多或少会含有一定量的水分，在烹调时，有时需要将这些水分保存下来，以形成嫩的质感，如外脆里嫩、暄软鲜嫩等。在原料表面挂糊后加热，可形成由糊化的淀粉与变性的蛋白质构成的硬壳，这种壳可有效防止原料中水分的流失，在一定程度上维持原料的鲜嫩质感。

（4）增加菜肴色彩。烹制菜肴时由于调制糊所选用的原料不同，在一定的烹制方式下可使菜肴形成令人愉快的颜色。例如，在高温无水状态下淀粉所产生的糊具有黄褐色，油炸的面包渣是火红色，变性的鸡蛋清具有洁白的颜色，而鸡蛋黄或全蛋调制的糊却是金黄色。另外，挂糊后再烹的原料，在调味时有助于调料的着色。

3. 挂糊的成品标准

（1）薄厚一致。挂糊的薄厚均匀与否，会直接影响菜肴的口味和质感，是关系菜肴成败的重要因素。糊如果薄厚不均，糊厚的地方原料可能欠火，糊薄的地方原料可能过火，在高温度场内还会导致菜肴的色泽不匀。每个菜肴均有其挂糊的标准，挂糊时要求按标准去做，并力求薄厚一致。

（2）表面工整。挂糊的平滑整洁与否是评价菜肴重要的感官指标。挂糊时，在标准浓度下要力求表面不出大的凹凸，若挂面包渣、芝麻、核桃仁、瓜子仁等表面原料，要做到颗粒一致、滚沾均匀。

4. 挂糊应注意的问题

为了实现上述成品标准，在挂糊时应注意以下几个问题。

（1）注意挂糊的时间。原料挂糊后，糊中的水分会逐渐向原料中渗透，随着时间的延长，糊中水分会大量流失，加热时由于水分损失很大，糊中的淀粉难以充分糊化。这种情况导致糊的黏度下降、硬度增强，糊的原有质感会发生变化。另外，当渗透达到极限时，血水又从肉中流出，使糊的颜色遭受污染。因此，原料如果需要挂糊，最好现烹现挂。

（2）注意原料的味道。需要挂糊再烹的原料，一般都选用比较新鲜和气味较好的原料，挂糊以后再烹，可以使原料原有的这些好的气味较多地保存下来。如果原料气味不好，在加热时又挂上糊，就会使不好的气味难以挥发，导致原料异味加重。因此，味道不好的原料和不新鲜的原料，千万不要挂糊烹调。

（3）注意原料的湿度。糊的浓度是否合适对糊的成品标准影响很大，而糊的浓度又往往受原料湿度的制约。一般来说，新鲜的动物性原料吸水量比较大，糊应调稀些；化冻的动物性原料表面游离水较多，糊应干些。当原料表面水分和油脂较多时，也可以采取先拍粉以调节原料表面干湿度再挂糊的办法，如水果、蔬菜、水产品和肥肉。

另外，冻结的原料和含有碎骨的原料，最好不要挂糊烹制，因为冻结原料的表面难以挂糊，而碎骨可能刺破人的口腔。

三、上浆

上浆是按照菜肴的要求，在加热前将动物性原料用淀粉、蛋液和辅料拌和，加热后使原料表面形成浆膜的一种烹调辅助手段。上浆是炒、汆、滑熘等烹调方法常用的技法，适合于质嫩、形小、易成熟的原料。上浆时经常使用的原料有淀粉、水、鸡蛋、食盐、小苏打、味精等。上浆时，由于调制粉浆所使用的原料不同，而使各类粉浆具有一定的差别。

1. 粉浆的分类

（1）水粉浆。水粉浆由水和湿淀粉、盐、味精调制而成。一般是将这些辅料直接加在原料上抓拌，适合普通原料和普通菜肴的上浆，如熘肝尖、生炒鸡等。

（2）全蛋浆。全蛋浆由整个鸡蛋和少许淀粉、盐、味精调制而成。成品色泽浅黄滑嫩，适合猪肉、牛肉等颜色较重的原料的上浆，如熘肉片、宫保鸡丁等。

（3）蛋清浆。蛋清浆由鸡蛋清和少许淀粉、味精、盐调制而成。成品色泽洁白滑嫩，适合鸡脯、鱼肉、通脊、虾仁等颜色较浅的原料的上浆，一般用于白色菜肴的烹制，如熘鱼片、炒鸡丝等。

(4) 苏打浆。苏打浆由苏打水和少许淀粉、味精、精盐调制而成。成品十分滑嫩，色泽可随原料和调味汁的颜色变化。在使用前，先将原料置于苏打水中浸泡 20 min 左右，加热前用淀粉等辅助抓匀，再用中温油滑熟，如滑熘里脊、蚝油牛肉等。

小苏打加热后，还会有部分碱性物质生成，如果苏打水的浓度太大，则菜肴的碱味也会增大，因此，苏打水的浓度要适当。

上浆的目的在于通过为原料最大限度地补充水分，来提高菜肴的嫩度。浆中所使用的水、蛋液、盐、苏打等都是为这一目的服务的。另外，上浆还会影响烹调操作和菜肴特点的最终形成。

2. 上浆的作用

（1）缩短烹调时间。实验证明，上浆后再加热的原料，其成熟时间会大大缩短。第一，原料上浆后，其表面形成一种由变性蛋白质和糊化淀粉组成的浆膜，浆膜可以阻止原料受热后产生的蒸汽外溢，使原料受热的温度提高；第二，浆膜还可以阻止原料受热后产生的水分外流，使传热介质原有温度不至于下降过多，从而相对提高了原料的受热温度；第三，上浆为原料补充了大量的水分，而水的导热系数远远高于肌肉的导热系数，所以原料成熟速度加快。

（2）保持原料营养素。上浆后的原料在烹制时所使用的油温和水温一般都很低，不会破坏原料中的营养素。因此，利用浆膜将原料密封起来，可以阻止原料中的脂溶性和水溶性营养素向传热介质中扩散，使原料中的营养素能较多地保存下来。

（3）菜肴饱满滑嫩。上浆时，由于淀粉不溶于冷水形成不了真溶液，故而浆的浓度总是低于原料细胞中细胞质的浓度。当浆与原料接触时，浆中的水分子便会穿过细胞膜向高浓度一方渗透，使细胞逐渐充水。加热后,这种充水会让菜肴形成饱满的感官感觉和软嫩的质感。水分进入细胞后,浆中的淀粉、蛋白质等分子较大的物质无法进入细胞而停留在原料的表面。受热后,原料表面形成了一层由糊化的淀粉和变性的蛋白质组成的溶胶膜。这个膜与芡汁结合又形成滑的触感。

(4) 增加菜肴滋味。上浆的主要目的是为原料补充水分,但上浆的同时还要加入盐、料酒等调味品,以增加原料内部的味道。一般上浆的菜肴都是热锅温油速成操作,在时间上对原料的入味非常不利,上浆通过携带调味品对原料进行基本调味,可以较好地解决这个问题。

3. 浆的成品标准

(1) 质感软嫩。菜肴的软与嫩主要是由原料中所含水分决定的,上浆通过为原料补充水分来最大限度地提高菜肴的含水量。因此,加热后菜肴的质感如何,表明了上浆时是否最大限度地为原料补充了水分。

(2) 触感光滑。上浆菜肴触感光滑的原因是浆中的淀粉和蛋白质,其中起主要作用的是淀粉。淀粉糊化后黏度增加,一方面紧紧粘在原料上,另一方面又将菜肴中的汤汁粘在原料表面形成光滑的触感。

4. 上浆应注意的问题

(1) 注意上浆时间。为原料补充水分是利用了渗透原理。渗透是一种物理现象,其过程一般都很缓慢。因此,为原料上浆都要提前进行。通常做法是在加热前 15 min 左右为原料上浆,这时只用水或蛋液,正式加热前再用水或蛋液补浆一次,然后再拌入淀粉。

(2) 注意上浆动作。菜肴中凡是需要上浆的原料均为细小、质嫩的原料，而上浆的手法是用手来抓捏，因此，上浆时手的动作一定要轻，要防止抓碎原料，尤其鱼丝、鸡丝更要注意。上浆时一开始要慢，当浆已均匀分布于原料各部分时，动作再稍快一些，促进浆水的渗透，但快绝不等于下手重。

(3) 注意淀粉用量。上浆为原料补水固然很重要，但淀粉的用量也是一个不可忽视的问题。如果淀粉的用量少于合适的标准，就很难在原料周围形成完整的防止水分等物质排出的浆膜；如果淀粉量多于合适的标准，又容易引起原料的粘连。合适的淀粉用量标准是：原料加热后在浆的表面看不到肉纹。

(4) 注意调味程度。上浆的同时要为原料进行基本调味，这时的调味一定要掌握好分寸，要给正式调味留有余地，尤其是盐和味精，千万不可多用。

四、勾芡

勾芡是按照菜肴的特定要求，在原料成熟后，用水淀粉稠汁的一种常用烹调辅助手段。它适用于多种烹调方法及原料，是菜肴烹制的最后一个环节。勾芡不仅能直接影响菜肴的质量，而且还关系到菜肴的成败，因此，勾芡是烹调中一项非常重要的技法。

1. 勾芡的分类

勾芡适用于多种烹调方法及菜肴，因此种类较多。按勾芡的方式可分为勾汁芡和兑汁芡两种。勾汁芡即在菜肴出锅前将水和淀粉调制的粉汁淋入锅内，适用于烧、扒、炒、烩等烹调方法。兑汁芡即在菜肴出锅前淋入事先用淀粉、调料等兑好的汁，适用于急火热油速成的菜肴，如用焦熘、滑熘、爆等烹调方法烹制的菜肴。按芡汁的浓度可分为厚芡和薄芡两种，厚芡又分为包汁芡和糊芡，薄芡又分为米汤芡和琉璃芡。爆菜、炒菜、熘菜等用包汁芡，烧菜、扒菜等用糊芡，米汤芡适用于汤菜，琉璃芡适合烧汁。

2. 勾芡的作用

（1）提高营养价值。原料在加热过程中，部分营养成分会流失在汤汁中，勾芡可以使这些营养物质裹在原料上，达到充分利用营养素的目的。另外，维生素C在加热过程中极易氧化，淀粉中含有丰富的多酚类物质，多酚类物质与原料中的金属离子络合，生成一种新的络合物，这种物质对维生素C的分解酶具有抑制作用。

（2）增加菜肴光泽。菜肴勾芡以后感光度增加，这是不勾芡菜肴所做不到的。第一，淀粉本身具有旋光性，糊化后这种特性更加明显；第二，菜肴勾芡后一般要淋明油，糊化后的芡汁与所淋明油融合，进一步提高了芡汁的亮度，故专业上有明油亮芡的说法。

（3）便于调味。爆炒类急火速成的菜肴，烹调加热时间很短，味道很难渗入原料内部，如延长加热调味时间，又会使原料失去嫩的质感，而勾芡会使味汁浓度增稠，使其能够沾裹于原料表面，达到调味的目的。烩熘类带汤汁的菜肴，如不勾芡，则味道寡薄，通过勾芡，可使汤汁浓稠，口感滋润浓厚。

（4）保持菜肴温度。味蕾对味的最佳感受温度是30~40℃，即体温范围内，10℃以下味蕾表现迟钝。因此，有效地保持菜肴温度是提高菜肴滋味的途径之一。由于淀粉的导热系数远远低于水的导热系数，用勾芡的方法来提高汤汁的浓度，可以使菜肴的散热速度减慢。

3. 芡汁的成品标准

(1) 明油亮芡。芡汁要与明油融合，二者相映生辉。如果明油淋入的时机不对，芡汁就无法与明油融合，菜肴的亮度即受到影响。

(2) 芡汁均匀。不同的菜肴芡汁有不同的浓度，这一点应灵活掌握。但无论哪种菜，其各部分芡汁的浓度应该均匀一致，更不能出现局部结块的现象。

(3) 数量适宜。芡汁的数量对菜肴质量的影响也很大，一般爆菜、熘菜、炒菜的芡汁要少些，要求芡汁紧紧包裹在原料上；烧菜、扒菜、塌菜应有余汁；烩菜则为半汤半菜的菜肴。

4. 勾芡应注意的问题

(1) 注意芡汁的浓度。无论兑汁芡还是勾汁芡，芡汁的浓度都非常关键，芡汁浓度大会出现"芡硬"现象，浓度小则会出现"芡软"现象，都会影响菜肴的质量。芡汁浓度的确定应从以下几个方面综合考虑：第一是热源火力，火力强芡汁浓度要小些，汁要多些；火力弱芡汁浓度要大些，汁要少些。第二是汤的多少，汤多时芡汁浓度要大些，汁要少些；汤少时芡汁浓度要小些，汁则要多些。第三是淀粉的糊化能力，糊化能力强的淀粉，芡汁的浓度要小些；糊化能力弱的淀粉，芡汁的浓度要大些。

(2) 注意菜肴情况。注意菜肴的情况，主要是指把握勾芡的时机。一般菜肴勾芡后即要出锅装盘，勾芡过早，原料未熟，延续加热易使芡汁焦煳，勾芡过迟则原料质老而失去嫩感。勾芡时机的确定，应从以下几个方面来考虑：第一，原料是否达到火候要求；第二，菜肴的口味是否已确定；第三，菜肴的颜色是否已调好。也就是说，勾芡应在锅中原料即将成熟、口味和色泽基本确定后进行。

如果使用兑汁芡，因菜肴的口味和颜色都由芡汁决定，这时只需注意原料的火候就可以了。

（3）注意淋明油的时机。为菜肴勾芡时一般要淋明油，以使菜肴具有油亮润滑的感观。淋明油的时机如果不当，芡汁的亮度就会受到影响。理论研究和实践经验表明，淋明油最好是在淀粉糊化过程中进行，即芡汁入锅后马上淋入明油，以使明油与芡汁充分融合，专业上把这种芡汁称为"油包汁"。

模块六　炸菜制作

炸是把加工好的原料投入旺火热油，炸熟后制成菜肴的一种烹调方法，操作要点主要有三点。

一是旺火多油。炸菜一般用油量比原料多数倍，俗称大油锅。操作上火要旺、油温要高，原料入锅有"喳"的声音。油的沸点高，可达高温（200~300 ℃），能使食物表面干燥和凝固。食物表面骤受高温，很快地干燥收缩，凝成一层薄膜，可以使外表变酥、变脆，而内部水分不易溢出，保持鲜嫩感。同时，食物中的香料在高温下也能散发出芳香气味，成为甘香味美的菜肴。

二是对原料有一定的要求。炸菜要求采用质地鲜嫩的原料，刀工处理成片、条、块、段或茸；熟烂的原料，或片成大片，或改刀成块；也可炸制整只（条）的鸡（鱼），熟后改刀成条或象眼块。

三是挂糊。炸菜的原料一般都要挂糊，这样可以保持其养分、汁液和原味，达到酥、脆、嫩、香的效果。但是，原料挂糊后，表面有黏性，应分散下锅，否则一齐放入油锅中会相互粘连。

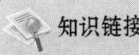
知识链接

挂　糊

一般情况下，挂糊是先将制糊原料调制成半流体，再把烹调原料放在糊中拌匀，或是将干粉状原料直接粘拍在烹调原料表面，也可在拍粉的基础上进行拖蛋、滚蘸面包屑等粒状原料的操作，然后进行烹调。这样挂裹在原料表面的糊较厚，适用于炸、熘、煎、贴等烹调方法。挂糊的关键有以下几点：

一是注意挂糊时间，宜现挂现烹，不宜放置时间过长。

二是灵活掌握糊的稀稠。质地较嫩、新鲜的或经冷冻的原料，糊应稠一些；未经冷冻或含水量少的原料，糊应稀一些。

三是制糊时要搅拌均匀，挂糊时应使糊均匀地挂裹在原料表面。

四是使用旺火。炸时火力要旺，但油温的高低应视所炸食物而定，可采用中温油、热油、烈油等各种温度。一般来说，凡生料都要间隔炸两次以上。初下锅时，油温不可太高，让温度由外部向内传导有一定时间，不致外煳内生。但是，这样一来，原料在熟透后，油温还未上升到烈油的温度，不能使外皮酥脆。如果让原料继续留在锅中加热，时间太长内部水分会排尽，原料就会变老、变干。所以，原料熟后必须用漏勺捞起来，让油在锅中继续加热，待温度上升到烈油时，再倒下去重炸，火力小的重炸2~3次，表面就可以酥脆。这种技法，行业内一般称为重油。

五是调味的时机。在加热过程中不能进行炸菜的调味，所以加热前必须用盐、酱油、黄酒或糖（板炸用胡椒面）等把原料腌一下，有的还要结合挂糊加入一些调味品。炸熟后还要使用调味品再次调味，一般是花椒、盐，有的加上辣酱油、番茄汁、甜面酱、拌蒜泥等佐食。

由于原料的性质和口味要求不同，炸的方法可分为清炸、干炸、软炸及一些特殊的炸法，以下分别举例介绍。

[菜例1] 清炸里脊（见图4-18）

图4-18 清炸里脊

主料：猪里脊或通脊250 g。

调料：精盐7 g、黄酒10 g、味精5 g、香油5 g、植物油500 g（约耗50 g）。

烹调方法：

（1）如用通脊，应切成4 cm长、0.8 cm粗的条；如用里脊，先改为1 cm粗的长条，再切成象眼块。

（2）将切好的肉放入味精、精盐、料酒和香油拌匀。

（3）锅内注入植物油，置旺火上，烧到七八成热（一成油温定为30 ℃），将煨好的肉逐个投入，炸成金黄色（约1 min）后用漏勺捞出。

（4）待油九成热时再将肉投入油中重炸一下，呈焦黄色时即成。外带花椒盐上桌。

风味特点：外皮焦脆，肉嫩爽口。

> **知识链接**
>
> 清炸的相关知识
>
> 清炸的概念：清炸是指原料不需要上浆、挂糊，用调料拌渍后即可投入热锅内，用旺火加热的烹制方法。
>
> 清炸的选料：适用于含水量少的动物性原料。
>
> 清炸原料的处理：一般加工成较小的块或片。
>
> 清炸须注意：原料不宜过大，腌制时颜色不宜过深。
>
> 清炸的关键：必须根据原料的老嫩、大小掌握好油温及火候，可先在油温五成热时下锅，待炸至八成熟时取出，然后再重炸一次。
>
> 清炸制作的类似菜肴：清炸肉花、清炸鸡块、清炸羊肉等。

[菜例2] 干炸黄鱼（见图4-19）

图4-19　干炸黄鱼

主料：黄鱼数条（约500 g）。

调料：精盐8 g，酱油4 g，料酒10 g，淀粉50 g，植物油750 g（约耗75 g），葱、姜块各10 g。

烹调方法：

(1) 黄鱼去鳞、掏鳃，腹部最下边剪一小口，把肠子与膛相连处剪断，用筷子由口部入膛，把内脏绞出，用水洗净。

（2）将鱼身两面剞斜刀，搓盐，加酱油、料酒、葱、姜腌2 h。

（3）锅内注入油，置旺火上烧至六成热，将鱼身拍上一层干淀粉，下锅炸片刻，随即离开火口让鱼在热油中多炸一会儿，待油温降低后再返火稍炸捞出。

（4）待油烧至九成热时再放入鱼重炸一遍，盛盘即可。

风味特点：皮焦脆、肉鲜嫩。

说明：本菜烹调方法中说到的"拍干粉"是糊的一种，称为干粉糊，就是原料表面贴一层干淀粉。

> **知识链接**
>
> **干炸的相关知识**
>
> 干炸的概念：干炸是先将原料用调味品拌渍，再经拍粉或挂糊，然后下油锅炸熟的烹制方法。
>
> 干炸的选料：动植物性原料均可。
>
> 干炸原料的处理：加工的形状不宜过大。
>
> 干炸须注意：腌渍时颜色不宜过深。
>
> 干炸的关键：严格注意油温，掌握在六成热即可。
>
> 干炸制作的类似菜肴：干炸大虾、干炸鲜蘑等。

[菜例3] 蛋皮腰卷（见图4-20）

主料：猪腰子250 g。

配料：蛋皮3张、肥瘦猪肉50 g、玉兰片丝50 g、韭菜10 g。

调料：葱、姜各10 g，料酒7 g，味精6 g，精盐8 g，胡椒粉2 g，鸡蛋清2个，干淀粉50 g，植物油750 g（约耗50 g）。

图 4-20　蛋皮腰卷

烹调方法：

(1) 猪腰先撕去表面皮膜，将腰子平放在菜墩上，水平方向下刀把腰子片成两片，再片去腰臊，片成片，切粗丝；猪肉切成丝。猪腰丝、肉丝、玉兰丝用葱、姜、精盐、料酒、胡椒粉、味精拌匀。

(2) 鸡蛋清兑湿淀粉调成稀糊。

(3) 将腌好的原料浆上一点儿蛋糊，把蛋皮平铺在案板上，修改成长方形，抹上蛋糊，把浆好的原料拣去葱、姜，取一部分放在蛋皮的一边成条形，向前卷（一层）成直径约 6 cm 的筒形卷，用刀尖扎上小眼。如此卷完为止。

(4) 油锅置旺火上，烧至六成热，将蛋皮卷滚上干淀粉或蘸蛋糊，系上韭菜节，下入油中炸至皮脆内熟，捞出盛盘上桌即可。

风味特点：皮脆馅鲜，口感香嫩。

★操作提示

若去蛋皮改油皮，卷完后不用拍粉或蘸糊，即成油皮腰卷。

> **知识链接**
>
> **特殊炸的相关知识**
>
> 特殊炸的概念：特殊炸是在原料表面包裹一种植物性或动物性外皮，再进行炸制的烹制方法。
>
> 特殊炸的选料：一般以动物性原料为主。
>
> 特殊炸原料的处理：切成丝状，再进行卷裹即可。
>
> 特殊炸须注意：包裹要严紧。
>
> 特殊炸的关键：严格掌握油温，控制在五成热即可。
>
> 特殊炸制作的类似菜肴：网油虾排、网油鲜贝等。

[菜例4] 锅烧羊肉（见图4-21）

图4-21 锅烧羊肉

主料：羊肉（上脑）100 g。

配料：鸡蛋2个、面粉50 g。

调料：葱段、姜片各8 g，精盐6 g，酱油200 g，大料1瓣，湿淀粉50 g，花生油750 g（约耗200 g）。

烹调方法：

（1）羊肉洗净后放入开水锅中煮出血水和腥味，滗去锅中水。放入葱段、姜片、大料、酱油、精盐和清水（要浸没羊肉），在旺火上烧开，再移到微火上炖约 1 h。炖烂后捞出晾凉，切成长和宽约 7 cm、厚约 2 cm 的块（约 5 块），上屉蒸熟。

（2）鸡蛋磕在碗中，加入湿淀粉、精盐（3 g）、清水和面粉，调成全蛋糊。

（3）花生油倒入锅内，在旺火上烧到八成热，取出蒸熟的羊肉，将其两面蘸匀鸡蛋糊后下入油中，炸成金黄色捞出，横切成约 1.2 cm 宽的条，摆在盘中，撒上花椒盐即成。

风味特点：色泽金黄，皮酥肉烂，味香适口。

说明：鸡蛋糊就是在鸡蛋中加入干淀粉，调制成稀稠适当的一种糊，也称软炸糊。

 知识链接

软炸的相关知识

软炸的概念：软炸是指将质地嫩、形状小的原料，先用调味品拌和，再挂上软炸糊，然后投入五成热的油锅内进行炸制的烹制方法。

软炸的选料：动植物性原料均可。

软炸原料的处理：原料形状不宜过大。

软炸须注意：糊不宜过稀或过稠，稀稠适度。

软炸的关键：油温不宜过高，一般掌握在四五成热即可。

软炸制作的类似菜肴：锅炸鸡、锅炸鸭等。

[菜例5] 炸肉排（见图4-22）

图4-22 炸肉排

主料：瘦猪肉150 g。

配料：鸡蛋黄2个，面包渣50 g。

调料：胡椒面2 g，料酒5 g，味精5 g，精盐6 g，白糖6 g，酱油10 g，香油5 g，葱、姜末各6 g，湿淀粉50 g，植物油750 g（约耗50 g）。

烹调方法：

（1）将猪肉剔去筋膜，片成约4 cm长、2.5 cm宽的抹刀片，把鸡蛋黄、湿淀粉、香油调和成稠蛋黄糊。

（2）将猪肉片加胡椒面、料酒、味精、白糖、酱油、精盐、葱末、姜末一起拌和腌渍片刻，然后一片一片地挂上蛋黄糊，再在肉片的两面拍上面包渣。

（3）锅内放入植物油，在旺火上烧至五成热，将肉逐片放入（入油时将虚面包渣抖下去），约炸10 s后，将锅端离火口炸30 s捞出。将油烧至七成热，再将肉片放入约炸20 s即成。食时蘸花椒盐。

风味特点：表面酥松，肉质香嫩，呈深红色。

说明：此菜所用糊称拍粉拖蛋贴面包渣糊，就是先在原料表面拍干粉再拖蛋黄，最后贴上面包渣或芝麻等原料。

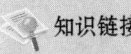 知识链接

松炸的相关知识

松炸的概念：松炸是将原料去骨加工成片或块形，经过拍粉拖蛋贴面包渣或芝麻后，放入五成热的温油锅内，慢慢浸炸成熟的一种烹调方法。

松炸的选料：动植物原料均可。

松炸原料的处理：片成大片后剞上花刀或制成茸、泥。

松炸须注意：片不宜过厚，茸、泥不宜过软。

松炸的关键：严格控制油温。

松炸制作的类似菜肴：炸凤尾虾、板炸鱼排等。

模块七　熘菜制作

熘是先过油（或蒸煮）断生，然后用调味芡汁熘制的烹调方法。熘都要经过两个步骤，即断生和熘汁。

第一步，断生。断生的方法大多数要过油，或炸（挂硬糊），或滑（上浆）；也有的用氽、煮、蒸断生。凡用油炸或滑断生的多切成块、片、丁、丝、茸、泥等，凡用煮断生的即可用整料。烹制的火候一般是旺火速成，但也要根据这一步的操作要求确定。滑同炸法要求一样，都用旺火热锅凉油；氽、煮、蒸都用旺水。

第二步，熘汁。熘汁是另起锅调芡汁（多数是油汁，也有的是

汤汁),再以芡汁熘之。熘所用的芡汁是熘芡,又称玻璃芡,是薄芡的一种。这种芡汁只能一部分粘住原料而呈流滴状态。芡汁的调制可用兑汁芡,也可用跑马芡,熘芡的操作,或浇淋于断生食物的表面,或将断生食物投入芡汁之中迅速颠翻拌匀。

熘根据第一步断生方法不同可分为滑熘、炸熘和软熘;根据第二步芡汁调味品的不同可分为糟熘、糖(糖醋)熘、醋熘等。下面以滑熘、炸熘(焦熘)、醋熘为例,分别举实例说明。

[菜例1] 滑熘里脊(见图4-23)

图4-23 滑熘里脊

主料:猪里脊125 g。

配料:鸡蛋清1个、冬笋或黄瓜25 g、胡萝卜20 g、水发木耳适量。

调料:湿淀粉25 g,精盐6 g,料酒5 g,味精4 g,姜汁6 g,鲜汤50 g,葱、蒜各5 g,植物油500 g(约耗50 g)。

烹调方法:

(1)将猪里脊肉切成薄片,用湿淀粉15 g、鸡蛋清加精盐2 g拌匀;将冬笋或黄瓜、胡萝卜、水发木耳洗净切片。

(2) 用姜汁、鲜汤和湿淀粉 10 g 调成芡汁。

(3) 锅内放入植物油,在旺火上烧至三成热,倒入拌渍的肉,稍停几秒,用铁筷拨动滑开,待油升温至有小泡时(若火旺应将锅端离炉口),肉已舒展,用漏勺控去余油。这样滑出的肉片不会卷缩。

(4) 锅内留少许底油,放入葱、蒜、冬笋或黄瓜片、胡萝卜片、木耳片略炒,再将肉片放入,随即倒入芡汁,颠勺翻动,淋入明油即成。

风味特点:色泽洁白,肉质鲜嫩,佐食下酒均宜。

说明:倒入芡汁即勾芡,就是在菜肴即将成熟时倒入水淀粉,使汤汁黏稠的一种方法。

知识链接

滑熘的相关知识

滑熘的概念:滑熘是将加工成形的原料,先用调味汁拌渍,再用鸡蛋清、淀粉上浆,下入五成热的油锅内滑散,待油烧至八成热时取出沥净油分,然后用原锅放底油炝锅,放入辅料翻炒,再放入主料,随即淋入芡汁颠翻均匀的一种烹调方法。

滑熘的选料:动植物原料均可。

滑熘原料的处理:以片为主。

滑熘须注意:上浆要滋润,芡汁适当多一点儿。

滑熘的关键:滑油时油温不要超过三成热。

滑熘制作的类似菜肴:滑熘鸡片、滑熘鲜蘑等。

[菜例 2] 焦熘肥肠(见图 4-24)

主料:熟肥肠 200 g。

调料:湿淀粉 85 g、酱油 5 g、葱段 5 g、蒜片 5 g、姜末 5 g、料

图 4-24　焦熘肥肠

酒 5 g、米醋 5 g、精盐 6 g、鲜汤 50 g、味精 4 g、植物油 500 g（约耗 75 g）。

烹调方法：

（1）把熟肥肠切成约 1 cm 宽的斜刀块或滚刀块，在开水锅内余烫一下（新鲜肥肠可以不用水烫），用净布蘸去水分，加入湿淀粉 75 g 拌匀。

（2）用酱油、精盐、鲜汤、湿淀粉 10 g 和味精调成芡汁。

（3）锅内放入植物油，在旺火上烧至七成热，将肥肠一块一块地蘸匀淀粉，放在油内炸成深黄色，用漏勺捞出，并将粘连者掰开；然后将油烧到九成热左右，再倒入肥肠重炸 10 s，随即将锅端离火口，浸爆半分钟炸成橘黄色，沥去余油。

（4）锅内留底油 15 g，置旺火上，将葱段、蒜片、姜末、料酒放入略炸，再倒入肥肠，将米醋淋入锅边，随即倒入芡汁颠翻几下，出锅即成。

风味特点：外焦脆，里香嫩。

操作提示：水粉糊是水与淀粉混合调制而成的糊，挂糊的要求是糊将原料全部包裹起来。

知识链接

焦熘的相关知识

焦熘的概念：焦熘又称炸熘或脆熘，是将加工成形又经调味拌渍的原料，滚上水粉糊或干面粉后，投入六七成热的油锅内，炸成金黄色，待外皮发硬时沥净油分，随即浇上芡汁的一种烹调方法。

焦熘的选料：一般选用动物性原料。

焦熘原料的处理：一般加工成片、条等形状。

焦熘须注意：所用的糊应提前预制，挂糊时要均匀，不宜过厚或过薄。

焦熘的关键：炸制时的火候掌握十分重要，炸至焦脆为好。

焦熘制作的类似菜肴：焦熘肉片、焦熘大虾等。

[菜例3] 醋熘白菜（见图4-25）

图4-25　醋熘白菜

主料：嫩白菜帮300 g。

调料：淀粉60 g，花椒4粒，酱油10 g，醋30 g，糖30 g，精盐7 g，姜、葱各5 g，植物油50 g，香油10 g，味精5 g，鲜汤少许。

烹调方法：

（1）将嫩白菜帮切成 2 cm 宽、4 cm 长的一字块，葱、姜切细丝。

（2）锅内加植物油烧热，放入花椒粒炸成酱色后，用漏勺捞出弃去，然后放入白菜帮、姜、葱，不断颠翻，速加酱油、醋、白糖、精盐、味精、少许鲜汤，加盖煮，约 1 min 后揭开盖，白菜已断生，颠翻几次，以淀粉勾汁，淋入香油即成。

风味特点：酸、甜、咸、脆、嫩，富有清香味。

操作提示：如喜爱辣口，可将花椒换成干辣椒。

知识链接

醋熘的相关知识

醋熘的概念：醋熘是以醋为主要调料，口味以咸酸为主的一种烹调方法。

醋熘的选料：适合于动植物原料。

醋熘原料的处理：一般加工成片。

醋熘须注意：片不宜切得过厚。

醋熘的关键：汁宽味浓。

醋熘制作的类似菜肴：醋熘苜蓿、醋熘土豆丝等。

模块八 爆菜制作

爆是先过油，然后用芡汁、清汁或酱汁抱汁的一种烹调方法。其操作要点有以下几点。

一是爆菜一般都要过油。爆时用油量较炸要少，一般是原料用量的 2 倍左右。

二是爆都用旺火，油温根据原料的性质而定，或用沸油，或用热油。

三是爆的原料大都用脆嫩无骨的生料。带有脆性的原料如肚、腰、鱿鱼等，要用沸油爆炸；细嫩无骨的原料如里脊、通脊、鸡脯、虾仁等，要用热油滑炸。

四是操作迅速，刀工讲究。爆法由于火急油烈，操作要迅速，原料的块形不能大，而且要讲究刀工，薄厚、大小、花刀的深浅必须一致。

爆菜的汁有两种，一种是芡汁，另一种是清汁。要求芡硬汁少，能够抱住主料，吃完盘内无剩汁。由于爆菜操作速度快、时间短，汁必须提前兑好。

爆法按其抱汁的不同和配料的不同可分为油爆、芫爆、酱爆等，以下分别举例说明。

[菜例1] 油爆肉丁（见图4-26）

图4-26 油爆肉丁

主料：猪瘦肉 125 g。

配料：黄瓜 20 g。

调料：大油 500 g、水淀粉 50 g、鸡蛋清半个、料酒 10 g、味精 6 g、精盐 6 g、鲜汤 50 g、蒜 5 g、葱 5 g、姜水 10 g。

烹调方法：

（1）先将猪肉片成大片，在上面打上一字刀，改切成中指大小的方丁，用料酒、精盐、鸡蛋清、水淀粉抓匀浆一下。

（2）黄瓜切丁，葱、蒜切片。

（3）用料酒、味精、精盐、姜水、葱、蒜加少许鲜汤兑成碗芡。

（4）锅上旺火，下入半勺大油，烧至三成热，下入浆好的肉丁，滑散后（肉丁已熟）下黄瓜丁，略滑，倒入漏勺内控净油，再倒回锅内，倒入备好的芡汁，颠翻几下，淋少许明油，即可出锅。

风味特点：色泽美观、咸鲜适口。

说明：此菜所用的过油方法称为滑油，滑油时油温应掌握为二三成热，滑油时间不宜过长。

操作提示：油爆所抱的汁是硬芡油汁，芡汁可根据主料的颜色决定用不用带色的调料，像肚、里脊、鸡脯、虾仁等就不用酱油，使菜肴洁白晶莹。

油爆菜肴过油的方法应根据原料性质的不同来决定。烹制带脆性的原料一般有两种方法：一种是先将加工成小型的原料用开水稍烫，再用沸油炸至八成熟；另一种方法是将原料挂薄糊，不经水烫，用沸油炸至八成熟。细嫩无骨的原料多用热锅温油滑出，如油爆虾仁等。

第4单元 热菜制作

> 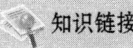知识链接
>
> ### 油爆的相关知识
>
> 油爆的概念：油爆是将加工成形的原料投入旺火热油中，炸到八九成熟时将原料倒入漏勺，控去油分，再迅速投入原锅并倒入兑好的芡汁，颠翻即可成熟的一种烹调方法。
>
> 油爆的选料：一般以动物性原料为主。
>
> 油爆原料的处理：一般加工成丁。
>
> 油爆须注意：原料上浆不宜过厚。
>
> 油爆的关键：掌握好油温，急火快炒。
>
> 油爆制作的类似菜肴：油爆鸡丁、油爆鲜贝、油爆虾仁等。

[菜例2] 芫爆鱿鱼卷（见图4-27）

图4-27　芫爆鱿鱼卷

主料：水发鱿鱼片300 g。

配料：香菜100 g。

· 153

调料：料酒 10 g，精盐 8 g，米醋 15 g，胡椒粉 2 g，味精 6 g，香油 3 g，葱、姜、蒜各 10 g，植物油 500 g（约耗 60 g）。

烹调方法：

（1）在鱿鱼背面（即不光滑的一面）用刀剞上鱼鳞花刀（横着每隔 5 mm 宽斜刀片入，刀口深度为到筋膜，再交叉剞成菱形），然后切成约 3 cm 见方的块，用开水焯一下，鱿鱼片自行卷起。

（2）把香菜切成 2.5 cm 长的段，葱切成葱丝，蒜切片，料酒、精盐、味精、胡椒粉兑成清汁。

（3）锅内放入植物油，在旺火上烧至八成热时将鱿鱼卷放入，滑油后迅速捞出，沥去油。

（4）锅上火留底油，放入鱿鱼卷、香菜段、葱丝、蒜片，烹入碗芡，颠翻均匀烹入米醋、香油，盛入盘中即成。

风味特点：鱿鱼脆爽，咸鲜微酸、微辣。

操作提示：焯水是原料初步熟处理的一种方法，焯水要求开水焯原料，保持原料中的营养成分。鱿鱼焯水要注意开水进、开水出，防止鱿鱼含水量过大。

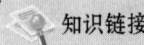 知识链接

芫爆的相关知识

芫爆的概念：芫爆也称盐爆，其操作方法与油爆相似，是将原料加工后，用旺火热油烹制，然后捞出沥油，再倒入原锅用清汁泼入，颠翻几下并撒入香菜段就可以出锅的一种烹调方法。

芫爆的选料：以动物性原料为主。

> 芫爆原料的处理：一般将原料加工成丝、片、花。
>
> 芫爆须注意：原料上浆不宜过厚，焯制的原料应用沸水速焯。
>
> 芫爆的关键：芡汁少，动作快。
>
> 芫爆制作的类似菜肴：芫爆肉丝、芫爆百叶等。

[菜例3] 酱爆鸡丁（见图4-28）

图4-28 酱爆鸡丁

主料：新鲜鸡脯肉300 g。

调料：黄酱、甜面酱的混合酱25 g，料酒8 g，精盐1 g，味精1 g，白糖25 g，姜水10 g，鸡蛋清10 g，湿淀粉15 g，香油10 g，植物油700 g（约耗35 g）。

烹调方法：

（1）新鲜鸡脯肉去尽筋络，漂洗干净。鸡脯肉表面剞上十字花刀，再切成约1.2 cm见方的丁。

（2）鸡丁放入碗中，加入精盐、味精确定好"底口"，再加入鸡蛋清、湿淀粉搅拌滋润。

（3）锅置灶口上，放入宽油加热，待油温升至三四成热时，下入鸡丁滑散，待鸡丁断生后同油一起倒入漏勺沥油。

（4）锅置旺火上，放入植物油 10 g，随后放入混合酱炒制，待酱炒出香味、熟透后烹入料酒，再加入姜水、精盐、味精炒至酱稠，加入白糖，待糖融化后，放入鸡丁颠翻均匀，待酱汁均匀包裹住鸡丁后，淋入香油即可。

风味特点：色泽红亮，口味咸甜，口感滑嫩。

操作提示：炒酱时注意选用小火，白糖要最后放。黄酱、甜面酱的比例为1∶1，配好加香油，上屉蒸 1 h 后使用最好。

 知识链接

酱爆的相关知识

酱爆的概念：酱爆是将细微无骨的生料与熟料（一般不用脆性原料）腌渍后用蛋清、淀粉挂薄糊，用六七成热的油滑过后，将甜面酱或黄酱调汁炒浓，然后将滑好的原料倒入酱汁内颠翻即好的一种烹调方法。

酱爆使用的酱：甜面酱加黄酱加白糖、香油，上屉蒸 1 h 后使用。

酱爆的选料：一般以动物性原料为主。

酱爆原料的处理：一般处理成丁、条。

酱爆须注意：选用质优的甜面酱、黄酱。

酱爆的关键：炒酱的火候，放糖的时机。

酱爆制作的类似菜肴：酱爆肉丁、酱爆茄丁等。

模块九　炒菜制作

炒是一种用旺火热油，将原料投入锅内搅拌加热成熟的烹调方法。其操作要点有以下几点：

一是原料都需要经过煸、滑油或油炸。其作用是使原料受热初步断生，同时还使原料里的水分在高温下溢出来，或保留更多的水分，利于调味汁迅速渗入原料内部，这样烹制出来的菜肴质地脆嫩、口味鲜香。

二是过油时用油量不等。煸仅打底油，滑油起小油锅，油炸用油较多。一般是用旺火热油，但滑油温度要低些，油炸温度要高些，应根据原料性质不同灵活掌握。

三是主料初步加热到五六成熟时再投入辅料、调料炒热出锅。炒菜的动作要敏捷，原则为断生即好。

炒菜所用的汁有清汁和芡汁两种，一般炒菜的芡汁为薄芡，比熘芡略稀，但抓炒的芡是浓芡，即包芡。

炒菜按其过油的不同可分为煸炒（分干炒和干煸）、滑炒、软炒、清炒、爆炒、抓炒等。

[菜例1] 木须肉（见图4-29）

图4-29　木须肉

主料：猪瘦嫩肉 50 g。

配料：鸡蛋 1 个、水发木耳 30 g、菠菜 15 g。

调料：酱油 15 g，精盐 5 g，香油 5 g，味精 6 g，葱、姜末各 5 g，植物油 80 g。

烹调方法：

（1）将猪肉切成丝，鸡蛋磕在碗内搅匀，木耳洗净后切片，菠菜洗净后切段。

（2）锅内放植物油，油热后倒入鸡蛋，迅速搅散翻炒，呈穗状盛出，即为木须（木须即"桂花"，鸡蛋炒成黄白穗状，形似桂花）。

（3）锅内放植物油，油热后煸炒肉丝，半熟时加入木耳片、菠菜段、葱末、姜末、酱油、精盐和味精稍炒，再把木须倒入，翻炒几下淋香油出锅即成。

风味特点：香鲜爽口。

 知识链接

干炒的相关知识

干炒的概念：干炒是指原料经加工成形后，不用上浆或挂糊，用少量底油把锅烧热，然后炝锅，投入原料后急速翻炒，将原料内部水分炒干，再加入调味品，使调味料充分渗入原料肌理的一种烹调方法。

干炒的选料：一般以动植物性原料为主。

干炒原料的处理：原料处理成小型丝、片。

干炒须注意：切制时大小一致。

干炒的关键：急火快炒。

干炒制作的类似菜肴：干炒肉丝、干炒蒜苗等。

[菜例2] 干煸四季豆（见图4-30）

图4-30　干煸四季豆

主料：四季豆（扁豆）250 g。

配料：肥肉50 g、芽菜25 g。

调料：酱油10 g、白糖10 g、料酒10 g、精盐5 g、味精6 g、干辣椒段3 g、姜丝3 g、植物油100 g。

烹调方法：

（1）将扁豆撕去筋，洗涤干净，切成5 cm长的段；将肥肉切成8 mm见方的丁备用。

（2）炒锅上火，注入植物油，放入四季豆，中小火煸炒至上花，倒入漏勺。

（3）炒锅上火，注入植物油，放入肥肉丁煸炒至油清亮，投入芽菜、干辣椒段、姜丝煸出香味，下入四季豆、酱油、料酒、白糖、精盐煸炒一会儿，撒入味精煸匀即可。

风味特点：色泽银红，口味甘香。

> **知识链接**
>
> **干煸的相关知识**
>
> 干煸的概念：干煸是指将不上浆的原料直接入油，干煸到油清亮时投入调味品成菜的一种烹调方法。
>
> 干煸的选料：动植物性原料均可。
>
> 干煸原料的处理：原料形状以丝为主。
>
> 干煸须注意：干煸至甘香但不能煸得过干。
>
> 干煸的关键：掌握好煸制的火候、时间。
>
> 干煸制作的类似菜肴：干煸鳝丝、干煸牛肉丝等。
>
> 操作提示：干煸菜肴在制作动物性原料时一般不加芽菜，辣口靠泡辣椒、豆瓣酱所得。

[菜例3] 蚝油牛肉（见图4-31）

图4-31　蚝油牛肉

主料：牛肉150 g。

配料：青椒25 g、洋葱25 g。

调料：小苏打0.3 g，蚝油20 g，料酒10 g，酱油15 g，姜片、葱白丝各5 g，高汤20 g，干淀粉15 g，湿淀粉15 g，鸡蛋1个，植物油500 g（约耗50 g）。

烹调方法：

（1）牛肉去筋，切成薄片，放入碗内，加入小苏打、酱油、干淀粉，另加鸡蛋拌渍 10 min 左右。

（2）用湿淀粉、高汤、酱油调成芡汁。

（3）锅放在旺火上，倒入植物油，烧至三成热时放入牛肉，用铁筷拨动加热至八成熟，用漏勺沥出余油。

（4）锅内留底油少许，置于旺火上，放入蚝油、葱白丝、姜片、青椒、洋葱略烧，再放入牛肉，倒入芡汁，颠炒几下即成。

风味特点：滑嫩鲜香，蚝油味浓。

说明：苏打浆即上浆过程中加入适量的小苏打，目的是使原料更为鲜嫩，一般用在较老的原料上，如牛肉、羊肉等。

> **知识链接**
>
> **滑炒的相关知识**
>
> 滑炒的概念：滑炒与滑熘大体相似，是将经过加工的小型原料先上浆、滑油，再用少量底油炝锅，在旺火上急速翻炒，最后兑汁或勾芡成菜的一种烹调方法。
>
> 滑炒的选料：一般以动物性原料为主。
>
> 滑炒原料的处理：一般都加工成片。
>
> 滑炒须注意：上浆的薄厚要适度。
>
> 滑炒的关键：滑油时油温不宜过高。
>
> 滑炒制作的类似菜肴：蚝油鸡片、蚝油生菜等。
>
> 滑炒与滑熘有很多相似之处，滑熘重点在熘，所以主料往往是单一料，最多不过加一些配料，过油时要滑到八成熟以上，必须挂熘芡。滑炒关键在炒，所以可以一种主料单炒，也可以两种主料合炒，还可配以辅料合炒，过油时滑到六七成熟即可，待加辅料和调料后还要稍炒，汁水可以是清汁，也可以勾芡，但芡比熘芡薄。

[菜例 4] 芙蓉鸡片（见图 4-32）

图 4-32　芙蓉鸡片

主料：鸡脯肉 150 g。

配料：水发木耳 25 g、青椒 20 g、胡萝卜 15 g、鸡蛋清 3 个。

调料：湿淀粉 10 g，鲜汤 75 g，葱末、姜末、味精、料酒各 5 g，精盐 6 g，植物油 750 g（约耗 75 g）。

烹调方法：

（1）去掉鸡脯肉薄膜，剔去肉内白筋，剁成茸泥，水发木耳洗净撕开，青椒、胡萝卜切片。

（2）茸泥加盐水、湿淀粉 5 g 搅匀，再加入鸡蛋清，用竹签子慢慢朝着一个方向搅动，注意不要起泡沫，呈稀糊状为止。

（3）将鲜汤、精盐、味精、料酒用湿淀粉 5 g 调成芡汁。

（4）另取锅置旺火上，烧热后放入植物油，先用手勺把油搅动一下，将油倒出，另取凉油，再将鸡茸糊贴着锅边泼入，随即晃动炒锅，茸糊成片漂起后，用手勺捣碎成鸡片，用漏勺捞出，沥出余油。

(5)将葱末、姜末、木耳、青椒、胡萝卜放入炒锅内略炒,随即倒入鸡片,烹入芡汁颠翻几下出锅即成。

风味特点:色泽雪白,汁液透明,味香而鲜。

 知识链接

软炒的相关知识

软炒的概念:软炒是将原料制成细小的茸泥,成形后再加入汤汁、调味品烹制菜肴的一种烹调方法。

软炒的选料:一般选用动物性原料。

软炒原料的处理:一般将原料处理成茸泥。

软炒须注意:茸泥的洁白度和软硬度。

软炒的关键:茸泥成形时油温不宜过高。

软炒制作的类似菜肴:芙蓉大虾、芙蓉鸭子等。茸泥是烹调中常用的一种原料,多用在中高档菜肴上。传统的制泥方法是砸和剁,现在一般使用粉碎机。

[菜例5] 清炒虾仁(见图4-33)

图4-33 清炒虾仁

主料：虾仁 150 g。

配料：鸡蛋清 1 个。

调料：干淀粉 20 g、精盐 4 g、味精 4 g、料酒 8 g、葱片 6 g、姜汁 6 g、鲜汤 15 g、植物油 500 g（约耗 50 g）。

烹调方法：

（1）虾仁加工好后用鸡蛋清、精盐、味精和干淀粉拌匀浆好。

（2）锅内注入植物油，放在旺火上烧至四成热时，将浆好的虾仁下锅拨散滑熟，沥去油。

（3）锅内放底油，在旺火上烧热，下入葱片、姜汁稍炒，随即倒入虾仁，放入料酒、鲜汤、精盐和味精，迅速翻炒几下即成。

风味特点：色泽美观，质地鲜嫩，清淡爽口。

操作提示：水产品上浆切记用薄浆，如用厚浆，熟后外形不美观，口感发黏。

 知识链接

清炒的相关知识

清炒的概念：清炒是将原料经滑油再放入锅中烹入芡汁成菜的一种烹调方法。

清炒的选料：一般以水产品为主。

清炒原料的处理：一般加工成丝、片或保留原料本身的形状。

清炒须注意：上浆不宜过厚，碗汁中无淀粉。

清炒的关键：急火快炒。

清炒制作的类似菜肴：清炒带子等。

[菜例6] 爆炒腰花（见图4-34）

图4-34 爆炒腰花

主料：猪腰子300 g。

配料：水发木耳15 g、水发玉兰片15 g、青椒15 g。

调料：湿淀粉15 g，酱油20 g，精盐6 g，料酒8 g，醋10 g，味精6 g，葱、姜丝各5 g，蒜片8 g，植物油500 g（约耗30 g），香油8 g，干辣椒5 g。

烹调方法：

（1）将腰子去皮、片开、去腰臊，剞麦穗花刀，用少许酱油和湿淀粉拌匀浆好，玉兰片切成小骨牌片，木耳洗净撕开，青椒切片。

（2）锅内放入油，置于旺火上，烧到冒青烟时放入腰花，迅速拨散爆熟，倒入漏勺沥去余油。

（3）锅内留底油，放入葱丝、姜丝、蒜片炝锅，倒入主料和配料，加入料酒、醋和其他调料，用湿淀粉勾薄芡，颠翻淋香油出锅即可。

风味特点：形状美观，脆嫩适口。

> **知识链接**
>
> **爆炒的相关知识**
>
> 爆炒的概念:爆炒是将原料加工成细小形状,经高油温滑制,再回锅迅速烹入调料成形的一种烹调方法。
>
> 爆炒的选料:以动物性原料为主。
>
> 爆炒原料的处理:将原料加工成丝、片、花等形状。
>
> 爆炒须注意:刀工成形大小一致。
>
> 爆炒的关键:急火快炒。
>
> 爆炒制作的类似菜肴:爆炒羊肉、爆炒三脆等。

[菜例7] 抓炒里脊 (见图4-35)

图4-35 抓炒里脊

主料:瘦猪肉300 g。

调料:白糖20 g,米醋20 g,鲜汤40 g,湿淀粉60 g,精盐6 g,料酒10 g,酱油10 g,味精5 g,葱片、姜末各5 g,植物油500 g(约耗60 g)。

烹调方法:

(1) 将肉切成1 cm厚的大片,再将其两面剞成斜纹花刀,然后改刀切成 1 cm 宽、3 cm 长的方块,加入精盐 2 g、湿淀粉 50 g 拌匀。

(2) 将白糖、米醋、鲜汤、酱油、精盐 4 g、湿淀粉 10 g、味精、料酒调成芡汁。

(3) 锅置于旺火上,放入植物油烧至六成热,将肉一块块放入(放入时肉块要展开),炸 1 min 后捞出,再将油烧至八成热,把肉块二次倒入,炸成金红色,沥出油。

(4) 锅里放底油 50 g,放入葱片、姜末略炒,再放入肉块,随即倒芡汁翻炒几下即成。

风味特点:外焦里嫩,有甜酸味,吃完盘底无剩汁。

知识链接

抓炒的相关知识

抓炒的概念:抓炒是将原料挂上一层较厚的粉糊,高温炸制后再进行调味处理的一种烹调方法。

抓炒的选料:一般以动物性原料为主。

抓炒原料的处理:一般将原料加工成片、条。

抓炒须注意:不应提前预制。

抓炒的关键:炸制时一定要达到外焦里嫩的要求。

抓炒制作的类似菜肴:抓炒鱼片、抓炒虾仁、抓炒里脊、抓炒腰花等。

模块十　烧菜制作

烧菜制作都必须在主料入锅前用调料或葱、姜、蒜炝锅,炝出味后添加汤汁,汤烧开后,必须捞出小料,否则后期经过煨爊小料会酥化而影响色、味,要求做到"吃葱不见葱"。一般调好味后才下主料。这样,经过煨爊,汤汁才能渗入主料之内。

烧要求先旺火后微火,也就是用旺火烧开后,撇去浮沫,再置于微火上煨。时间长短要根据原料的性质和块形来定,以煨透、汤汁渗入主料为准。煨透后必须重返旺火爊汁,或收干或收硬。汤汁收干的称为干烧,汤汁收硬的还要用湿淀粉勾芡,这种烧法有红烧、糟烧、虾子烧等,而葱烧等则是以红烧为基础添加各种调料变化而成的。

烧菜出锅前,都要淋上各种精制的料子油,如葱油、葱姜油、花椒油、葱蒜油等,来添加色泽和滋味。

下面主要介绍红烧、干烧和葱烧的方法。

[菜例1] **红烧甲鱼** (见图4-36)

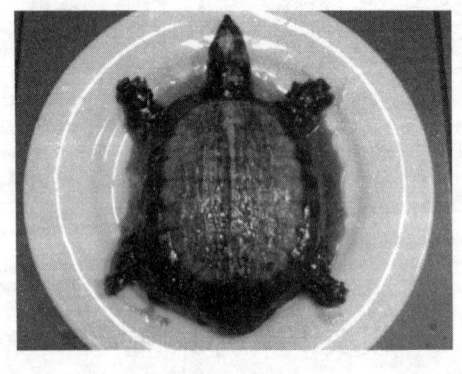

图4-36 红烧甲鱼

主料：活甲鱼1尾（约750 g）。

调料：酱油30 g、料酒10 g、精盐6 g、味精4 g、白糖60 g、葱20 g、姜15 g、植物油2 000 g（约耗60 g）。

烹调方法：

（1）宰杀活甲鱼，烫皮、剖腹、去内脏后洗净，剁块。葱切段，姜切片。

（2）炒锅上火，注入水，烧开后将甲鱼块放入水中焯水，捞出洗净。

（3）炒锅上火打底油，放入白糖炒成糖色，放入洗净的甲鱼块煸炒。再放入葱段、姜片、料酒、白糖用大火烧开1 min左右，然后改用小火烧制1 h，待汁浓时加入精盐、味精将汁收浓、收亮即可装盘。

风味特点：色泽红亮，口味咸鲜微甜。

说明：收浓汁在行业内称为自然芡，即将原料中的胶原蛋白烧出，使汁浓稠的一种方法。

知识链接

红烧的相关知识

红烧的特点：红烧是鲁菜常用的烹调方法，菜肴色泽红亮、汤汁浓、味厚。

红烧的选料：动植物性原料均可。

红烧原料的处理：原料形状不宜过大。

红烧须注意：新鲜原料烧制时间长。

红烧的关键：咸甜口的掌握。

红烧制作的类似菜肴：红烧海参、红烧肉等。

[菜例2] 干烧鱼（见图4-37）

图4-37 干烧鱼

主料：活鱼1尾（约750 g）。

配料：肥肉丁50 g、冬笋丁50 g。

调料：酱油8 g，料酒20 g，米醋30 g，精盐4 g，味精6 g，白糖30 g，辣酱30 g，植物油1 000 g（实耗100 g），葱、姜、蒜末各10 g。

烹调方法：

（1）将鱼宰杀，去鳞、去鳃、去内脏后洗涤干净，在鱼身上打斜一字刀，刀距1 cm，再将鱼用酱油、料酒、精盐、味精腌渍备用。

（2）炒锅上火，注入植物油，烧至七八成热，放入腌好的鱼，炸至鱼皮干松后捞出。

（3）炒锅上火，留底油，放入肥肉丁煸炒后加入辣酱和葱、姜、蒜末，炒出香味后放入开水、鱼、冬笋丁、酱油、料酒、米醋、精盐和白糖，用大火烧开后改用小火烧制两面，15 min后加入味精，将鱼盛入盘中。

(4)炒锅上火将汁收浓(即见油不见汁),浇在鱼身上即可。

风味特点:色泽红亮、咸辣干香。

> **知识链接**
>
> 干烧的相关知识
>
> 干烧的特点:干烧是川菜常用的烹调方法,菜肴色泽红亮、见油不见汁、咸辣味厚。
>
> 干烧的选料:动植物性原料均可。
>
> 干烧原料的处理:原料形状不宜过大。
>
> 干烧须注意:新鲜原料烧制时间长。
>
> 干烧的关键:收汁时火不要过大,收至亮油。
>
> 干烧制作的类似菜肴:干烧大虾、干烧四季豆等。

[菜例3] 葱烧海参(见图4-38)

图4-38 葱烧海参

主料:海参500 g。

配料：油菜心 1~15 棵、漳州大葱 250 g。

调料：酱油 10 g、料酒 15 g、精盐 6 g、味精 4 g、白糖 15 g、糖色 10 g、油 50 g、湿淀粉 30 g、清汤 500 g。

烹调方法：

（1）将海参开膛、去内脏后洗涤干净，切成长条，葱切成 5 cm 长的段。

（2）炒锅上火，注入水，放入海参焯水，即冷水下锅开水出锅，如此焯水至少 3 次；油菜心放入沸水中焯熟，捞出沥干水分，码放在盘边。

（3）炒锅上火，注入底油，放入葱段，煸炒至色泽金黄时盛出备用。

（4）炒锅上火，注入清汤，放入海参、糖色、酱油、料酒、精盐、白糖、味精、炸好的葱段，烧制 7~8 min 淋入湿淀粉，将汁勾浓，淋入葱油即可装盘。

风味特点：色泽红亮，口味咸鲜，葱微甜，香味浓。

知识链接

葱烧的相关知识

葱烧的特点：葱烧是鲁菜常用的烹调方法，菜肴色泽红亮、葱香味浓。

葱烧的选料：动植物性原料均可。

葱烧原料的处理：原料形状不宜过大。

葱烧须注意：新鲜原料烧制时间短。

葱烧的关键：咸甜口的掌握。

葱烧制作的类似菜肴：葱烧瓦块鱼、葱烧豆腐等。

模块十一 煎菜和烹菜制作

一、煎菜制作

煎菜有两类：一类是干煎，主料不挂糊或只拍粉，用少量油（以不淹没主料为宜）布遍锅底，加入主料用温火先煎一面，再将原料翻一个身煎另一面，两面煎成橘黄色，然后用少许调味清汁略烹即成，如干煎黄鱼、茄汁煎虾、煎猪肉、摊黄菜等，其特点是色泽美观，香酥松嫩，口味鲜醇；另一类原料多数挂糊或内里加糊，放在油锅里，两面煎成金黄色，再放入调料和鲜汤，或烹（如煎烹大虾），或煎（如茄汁煎软鸡），或蒸（如煎蒸鳜鱼），或焖（如煎焖雏鸡饼），或熘（如煎熘雏鸡片）。此外，还有南菜的煎制方法，如主料限于鱼的煎鈷（如煎鈷活鲤鱼）；主料用碎末，口味清淡略带甜的南煎（如南煎丸子），这两种煎法在出勺前都要稍勾粉芡。

[菜例1] 茄汁煎虾（见图4-39）

图4-39 茄汁煎虾

主料：大青虾 500 g。

调料：番茄酱 10 g、辣酱油 6 g、白醋 3 g、白糖 10 g、料酒 6 g、味精 6 g、精盐 5 g、植物油 75 g。

烹调方法：

1）将青虾带壳洗净，剪去须、脚，背部剪开，然后将沙包捅掉。

2）用水、料酒、番茄酱、白醋、白糖、辣酱油、精盐调制成茄汁备用。

3）炒锅上火，注入植物油，烧至五成热，放入加工好的青虾，煎至虾变色，倒入调好的茄汁，用大火烧开，再用小火烧制 15 min 后将汁收浓，撒入味精装盘即可。

风味特点：色泽红润，茄汁味浓。

［菜例 2］茄汁煎软鸡（见图 4-40）

图 4-40　茄汁煎软鸡

主料：鸡脯肉 250 g。

配料：鸡蛋 2 个、干淀粉 50 g。

调料：白醋 8 g、白糖 20 g、料酒 16 g、精盐 5 g、味精 6 g、番茄酱 30 g、小苏打 2 g、葱段 6 g、姜片 3 g、植物油 500 g（约耗 75 g）。

烹调方法：

1）将鸡脯肉片成约 5 mm 的大片，用葱段、姜片、小苏打、精盐、白糖加水腌制 20 min 备用。

2）用鸡蛋加入干淀粉调制成糊，将腌好的鸡脯肉拍干粉（越薄越好）。

3）炒锅内放入植物油，烧至三成热时将鸡脯肉拖蛋糊入锅煎至定型，随即锅上火，注入油，放入煎好的鸡脯肉，浸炸至八成熟捞出。

4）炒锅上火，打底油，放入番茄酱煸炒，加入水、白糖、白醋、料酒、鸡脯肉，用大火烧开后改用小火烧 10 min。

5）将鸡脯肉捞出，改刀成条装盘，原汁勾芡，待汁浓稠后淋明油浇于鸡脯肉上即可。

风味特点：色泽橘红，鸡脯软嫩，口味甜酸。

［菜例 3］**南煎丸子**（见图 4-41）

图 4-41　南煎丸子

主料：猪肉 300 g。

配料：南荠 30 g。

调料：鸡蛋 1 个，湿淀粉 30 g，水淀粉 10 g，葱、姜末各 5 g，酱油 8 g，精盐 5 g，白糖 6 g，味精 4 g，料酒 10 g，香油 10 g，植物油 50 g，清汤少许。

烹调方法：

1）将猪肉、南荠剁成粗泥，用鸡蛋、湿淀粉、葱末、姜末、精盐煨好，做成丸子。

2）七成热油下锅，将丸子煎成扁圆形，至五成熟即可。随即加入葱、姜末和料酒，再加清汤、酱油、味精、白糖烧开。

3）用水淀粉勾成熘芡，淋上香油托入盘中即可。

风味特点：口味咸鲜、微甜，色泽红亮。

二、烹菜制作

烹是在炸的基础上，用调味清汁烹制菜肴的一种烹调方法。烹菜必须先将主料用旺火热油炸成金黄色（炸前挂糊、不挂糊均可，视原料而定）。主料只有经过油炸，水分被炸干，热度增加，原料内部缺水，然后再烹汁，才能立即使原料吸收汁料，以提高口味。

[菜例] 烹对虾（见图 4-42）

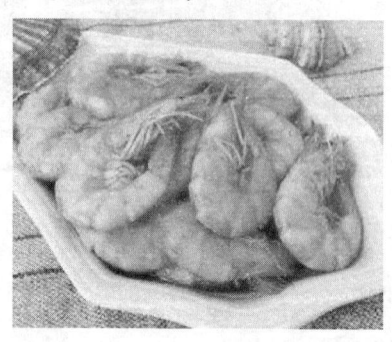

图 4-42　烹对虾

主料：对虾4对。

调料：酱油8 g，葱6 g，姜3 g，醋、料酒各6 g，鲜汤15 g，味精6 g，精盐5 g，植物油500 g（约耗50 g）。

烹调方法：

1）将对虾带壳洗净，剪去须、脚，用竹签将虾背沙包捅掉。葱、姜切成细丝，酱油、醋、味精、精盐、料酒、鲜汤调和成清汁。

2）炒锅放入植物油，在旺火上烧至七成热时倒入对虾，炸成橘黄色，随将炒锅油沥净，再放入葱丝、姜丝，然后用兑好的清汁烹之，颠翻裹汁即成。

风味特点：色泽红润，质嫩清香。

知识链接

烹的相关知识

烹的概念：将小型原料用旺火热油炸成金黄色时捞出沥净油分，再倒入原锅，迅速烹入调味清汁成菜的一种快速烹调方法。

烹的选料：动植物性原料均可。

烹原料的处理：原料形状不宜过大。

烹须注意：上浆挂糊的原料，浆、糊均不宜过厚。主料炸熟后，马上用调味汁下锅烹汁。调味汁可以用各种不同的调料兑成，但必须操作前兑好，不能加淀粉和酱，必须是清汁，只有清汁才能被主料吸收。烹汁明火要旺，油要热，操作要快。

烹的关键：逢烹必炸，急火快炒。

烹制作的类似菜肴：烹腰花、烹鸭条等。

模块十二 烩菜、炖菜和焖菜的制作

一、烩菜制作

烩是一种汤菜的烹调方法,将一种或数种原料混在一起,用汤和调味品以旺火制成菜肴。烩菜的主料多用质地软嫩的原料,将其改刀成丝、片、丁、块烹制。具体操作时,有的炝锅,有的不炝锅;有的勾芡,有的不勾芡;勾芡的有的先下主料后勾芡,有的先勾芡后下主料。烩的特点是,汁宽、芡薄、汤鲜。按其操作和原料、调料的性质,烩大致可以分为普通烩、烧烩、糟烩、清烩四种,此外还有汤烩。这里主要介绍汤烩的典型菜例——烩乌鱼蛋的制作方法。

[菜例] 烩乌鱼蛋(见图 4-43)

图 4-43 烩乌鱼蛋

主料:乌鱼蛋 125 g。

配料：香菜末 50 g。

调料：鲜汤 750 g、料酒 10 g、精盐 8 g、酱油 10 g、米醋 50 g、味精 6 g、湿淀粉 75 g、胡椒粉 2.5 g、香油 10 g、姜汁 6 g。

烹调方法：

1）先把乌鱼蛋用温水洗净，剥去脂皮，放在冷水锅里煮约 2 min，然后全部倒在盆里泡约 6 h，再把乌鱼蛋撕成一片片的小片，放入冷水锅里，水烧至 70 ℃时换成冷水再烧，如此换烧 5~6 次，即除去腥味和咸味，盛入汤盘或碗内（如果泡发的数量大，当时用不完，可用凉水浸泡，每天换一次水）。

2）将锅置旺火上，加入鲜汤、姜汁、酱油、料酒、精盐，汤开后撇去浮沫，再放入味精，湿淀粉加水 35 g 搅匀倒入，勾成米汤芡，淋入香油，倒在盛乌鱼蛋的碗内。另外调入米醋、胡椒粉，撒上香菜末即成。

风味特点：汤浓味鲜，酸辣适口，清爽利口，色泽美观。

 知识链接

烩的相关知识

烩的概念：烩是将加工成片、丝、条、丁的多种原料，一起用旺火制成半汤半菜的菜肴的一种烹调方法。

烩的选料：一般以动物性原料为主。

烩原料的处理：一般加工成丝、片、丁。

烩须注意：选用新鲜原料。

烩的关键：芡汁适度。

烩制作的类似菜肴：首蓿酸辣汤、海鲜酸辣汤等。

二、炖菜制作

炖菜也是一种汤菜共食的菜肴。炖与熬的做法大致相同,不同的是适用于炖的主料是不易熟烂、需长时间烹制的原料,炖的时间相对较长。

炖原来指的是隔水熟物,目前上海、江苏等地还在用这种方法。隔水炖,即将原料放入陶瓷坛、罐中,置于开水锅里炖。用这种方法炖制的菜肴,不仅质地酥烂,而且能保持原气原汁,汤汁澄清,鲜香味醇,如上海风味的清炖鸡、云南风味的气锅鸡等。

现在一般炖制已不用隔水炖法,而是将原料放入锅内添汤,加入调料,直接放在火上炖煮至酥烂。要质地酥烂,首先要掌握好火候,应先用旺火煮沸,然后移至小火上长时间炖制,时间的长短可根据原料的性质而定,一般 2~3 h。其次要将锅封盖严密,可用面或泥将锅漏气处糊严。调味时,带盐味的调料待原料六成烂时再下,若下得太早,瘦肉中的汁水析出,纤维硬化,就不易酥烂,炖的时间过长还有把肥肉炖化、肉皮分离的可能。炖法按照原料炖前加工方法的不同,可分清炖、红炖(普通炖)和刮炖。

[菜例1] 清炖羊肉(见图4-44)

图 4-44　清炖羊肉

主料：羊肥腰窝肉 2 500 g。

配料：香菜 50 g。

调料：姜 25 g，葱 25 g，精盐 50 g，小茴香、花椒各 10 g，香油 10 g。

烹调方法：

1）将羊肉切成 3 cm 见方的块；香菜洗净，编成辫儿。姜切成片，葱切成大段。小茴香、花椒用纱布包扎。

2）锅内放入清水烧沸，将羊肉放入略烫捞出，用凉水洗净，并将洗羊肉水倒入锅内，烧沸后，撇去浮沫（澄清汤水），随即放入羊肉（汤水能够没过肉块即可，汤多需舀出），再放入香菜辫、姜片、葱段、精盐、调料包，置慢火上炖至酥烂，取出香菜辫、姜片、葱段、调料包即成。

3）食时盛入碗内，淋香油少许，另加香菜末、葱丝。

风味特点：清香可口，肥而不腻。

> **知识链接**
>
> **清炖的相关知识**
>
> 清炖的概念：清炖是将原料焯水、洗净后重新放入锅中，加入清汤及无色调味品进行长时间炖制的一种烹调方法。
>
> 清炖的选料：动植物性原料均可。
>
> 清炖原料的处理：一般将原料加工成大丁或块。
>
> 清炖须注意：加热时间较长，注意锅中水量。
>
> 清炖的关键：原料的新鲜程度。
>
> 清炖制作的类似菜肴：清炖淮山虫草乌鸡、清炖山药三宝老鸭汤等。

[菜例2] 炖鸡腿（见图4-45）

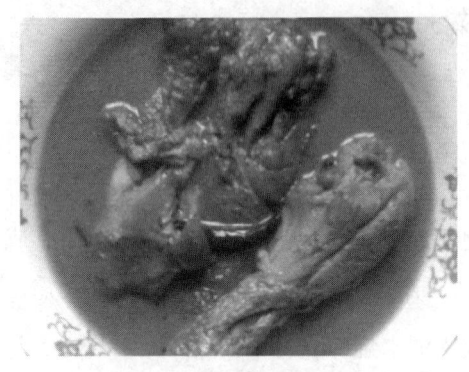

图4-45 炖鸡腿

主料：鸡腿6只。

调料：酱油8 g、葱6 g、姜3 g、料酒16 g、味精6 g、精盐6 g、白糖20 g、植物油75 g。

烹调方法：

1）将鸡腿洗净，控去水分，葱切段、姜切片备用。

2）炒锅上火，注入水，待水烧开后放入鸡腿焯透捞出。

3）炒锅上火，放入植物油，下葱段、姜片煸炒出香味，加开水、酱油、料酒、白糖、精盐，随后倒入焯好的鸡腿，用小火烧40 min，最后撒入味精即可。

风味特点：色泽红润，香嫩可口。

 知识链接

红炖的相关知识

红炖的概念：红炖是将原料焯水后，加入有色调味品炖制的一种烹调方法。

> 红炖的选料：动植物性原料均可。
>
> 红炖原料的处理：原料形状不宜过小。
>
> 红炖须注意：原料焯水要焯透，否则口感发腥。
>
> 红炖的关键：掌握好烧制的火候。
>
> 红炖制作的类似菜肴：炖鸭块、炖猪手等。

[菜例3] 浓汤炖鲤鱼（见图4-46）

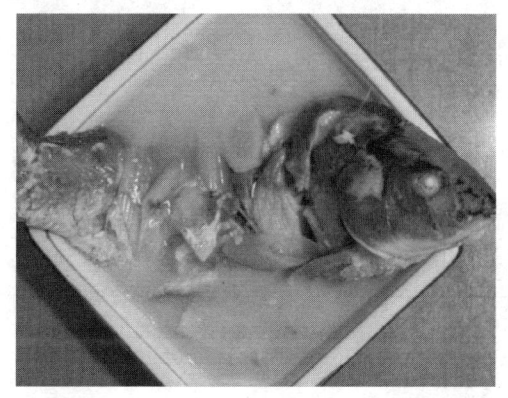

图4-46 浓汤炖鲤鱼

主料：净鲤鱼1条。

调料：浓汤750 g、葱6 g、姜3 g、料酒16 g、味精6 g、精盐5 g、植物油30 g。

烹调方法：

1）将鱼洗净，葱切段、姜切片备用。

2）炒锅上火，注入水，待水烧至80 ℃时，放入鲤鱼烫十几秒捞出，放在菜墩上用刀刮去鱼表面的黑膜，打上双坡花刀。

3）炒锅上火，注入植物油，放入葱段、姜片煸炒，倒入浓汤，加料酒、精盐、刮好的鲤鱼，用中小火烧 5~6 min，撒入味精出锅即可。

风味特点：汤汁浓白，口味鲜咸。

> **知识链接**
>
> **刮炖的相关知识**
>
> 刮炖的概念：此技法为炖中的刮炖，目的是使原料干净美观，更有去除原料腥味的作用。
>
> 刮炖的选料：以鱼类为主。
>
> 刮炖原料的处理：整鱼为主。
>
> 刮炖须注意：刮制时掌握好水温，水温凉刮不净，水温高会破皮。
>
> 刮炖的关键：浓汤的浓度要够，浓汤即奶汤。
>
> 刮炖制作的类似菜肴：浓汤比目鱼、浓汤鲫鱼等。

三、焖菜制作

焖的主料都要先初步加热，然后添较多的鲜汤和适量的调料，用旺火烧沸后改用微火，紧盖锅盖，不走原气，慢慢焖至酥烂，最后用原汤调薄芡浇之。焖与炖相似，不同的是，焖的主料都要经过初步加热，焖时加汤汁比炖要少，而且焖后要用原汤调薄芡。所以，焖菜有炖菜酥烂、鲜醇的特点，还有不同于炖菜的汁浓、味厚、色艳等特色。

焖有红焖、黄焖之分，其烹制方法完全相同，主要是颜色深浅不同，黄焖色泽较红焖要淡。以下分别举例说明。

[菜例 1] 红焖鸡（见图 4-47）

图 4-47 红焖鸡

主料：白条鸡 1 只（约 750 g）。

调料：酱油 35 g、葱白 6 g、姜 3 g、湿淀粉 15 g、鲜汤 750 g、大料 1 瓣、精盐 10 g、植物油 500 g（约耗 75 g）。

烹调方法：

1）将鸡洗净，去掉鸡爪，其余部分剁成 4 cm 见方的块，放入开水内氽烫后用凉水洗净捞出。葱切段、姜切片备用。

2）炒锅内放入植物油，在旺火上烧至七成热，将鸡块炸成金黄色时捞出倒进砂锅，然后加入酱油、精盐、葱段、姜片、大料、鲜汤，烧沸后撇去浮沫，移到微火上，加盖焖约 2 h（老鸡时间长些），至酥烂入味后捞出，盛入盘内，去掉葱段、姜片和大料。

3）原汤加湿淀粉调汁，浇在鸡上即成。

风味特点：酥烂香滑，色泽红润，汁浓味厚。

知识链接

红焖的相关知识

红焖的概念：红焖是将经过炸、煎、煸、炒或水煮的原料，加入酱油、糖等调味品和汤汁，用旺火烧开后再用小火长时间加热，成熟后用原汤勾薄芡的一种烹调方法。

红焖的选料：以动物性原料为主。

红焖原料的处理：一般将原料加工成块。

红焖须注意：加热时间较长，注意锅中水量。

红焖的关键：原料的新鲜程度。

红焖制作的类似菜肴：红焖鸭、红焖牛肉等。

[菜例2] 黄焖鸭子（见图4-48）

图4-48 黄焖鸭子

主料：净膛鸭子1只，青椒、红椒各1个。

调料：酱油8 g，葱6 g，姜3 g，料酒16 g，味精6 g，黄酱30 g，

植物油 500 g（约耗 75 g）。

烹调方法：

1）将净膛鸭子洗净，控去水分，用刀将鸭子剁成核桃块，青椒、红椒切片，葱切段、姜切片备用。

2）炒锅放入植物油，在旺火上烧至七成热时，将鸭块放入滑油倒出。

3）炒锅留底油，放入白糖炒至红亮，加入葱段、姜片、黄酱、炸好的鸭块煸炒一下，倒入开水、酱油和料酒，用大火烧开后改用小火焖 1 h，最后将汁收浓，下入青椒、红椒及味精即可。

风味特点：色泽金黄，质嫩，黄酱清香。

 知识链接

黄焖的相关知识

黄焖的概念：黄焖是利用黄酱的色泽、口味烧制原料的一种烹调方法。

黄焖的选料：动植物性原料均可。

黄焖原料的处理：原料形状不宜过大。

黄焖须注意：选用色泽、口味好的黄酱。

黄焖的关键：掌握好烧制的火候。

烹制的类似菜肴：黄焖鸡、黄焖兔肉等。

模块十三　时尚菜例制作

这里介绍的时尚菜例是在传统菜肴的基础上，厨师改良制作而成的一些新式菜品。时尚菜例打破了传统的调味方法，按照原料的特点灵活运用烹调技法，适应现代人的口味特点。

[菜例1] 水煮鱼（见图4-49）

图4-49　水煮鱼

主料：活鱼1尾（约1 000 g）。

配料：黄豆芽250 g。

调料：植物油1 000 g、精盐35 g、花椒30 g、干辣椒30 g、干淀粉20 g、鸡蛋清20 g。

烹调方法：

（1）将鱼宰杀，去鳞、去鳃、去内脏后洗涤干净，去骨出肉抹刀片成鱼片，加入精盐5 g、干淀粉、鸡蛋清将鱼片上浆。

（2）炒锅上火，注入水、精盐30 g烧开，将黄豆芽焯水后装入盛器内，再将鱼片焯水至成熟后放在黄豆芽上。

（3）炒锅上火，注入植物油，放入花椒炸成浅棕红色，然后放入干辣椒炸成棕红色，最后将花椒、辣椒油浇在鱼片上即可。

风味特点:麻、辣、鲜、香。

[菜例2] **麻辣蟹块**(见图4-50)

图4-50 麻辣蟹块

主料:鲜活螃蟹1 000 g。

配料:花椒、干辣椒各75 g。

调料:酱油6 g,料酒15 g,醋4 g,精盐5 g,味精5 g,白糖20 g,植物油1 000 g(实耗100 g),干淀粉250 g,葱、姜、蒜片各10 g。

烹调方法:

(1)将螃蟹宰杀,去壳、去草牙后洗涤干净,剁成2.5 cm见方的块,加入精盐、味精腌制15 min,在螃蟹表面裹干淀粉备用。

(2)炒锅上火,注入植物油,烧至五成热,将裹好干淀粉的蟹块炸成金黄色,使其外焦里嫩。

(3)炒锅上火,注入底油,放入花椒、干辣椒煸出香味,放入葱、姜、蒜片煸炒,随即放入炸好的蟹块、酱油、料酒、醋、精盐、味精、白糖翻炒几下装盘即可。

风味特点：麻、辣、咸、鲜、香，外焦里嫩。

[菜例3] 干锅肥肠（见图4-51）

图4-51　干锅肥肠

主料：熟肥肠300 g。

调料：酱油10 g，料酒15 g，精盐6 g，味精4 g，植物油750 g（实耗50 g），干辣椒6 g，葱、姜、蒜片各8 g。

烹调方法：

（1）将肥肠洗净后切成1.5 cm长的段备用。

（2）炒锅上火，注入植物油，烧至四成热时将肥肠过油倒入漏勺中。

（3）炒锅上火，打底油，放入干辣椒及葱、姜、蒜片煸出香味，放入肥肠煸炒，加酱油、料酒、精盐、味精煸炒一会儿装入干锅中即可。

风味特点：甘香可口，咸鲜微辣。

第5单元 冷菜制作

模块一 冷菜装盘

一、冷菜装盘的种类

1. 单盘

单盘,北方又称独碟,就是将一种熟料放在盘子里。单盘冷菜装盘形式如图 5-1 所示。

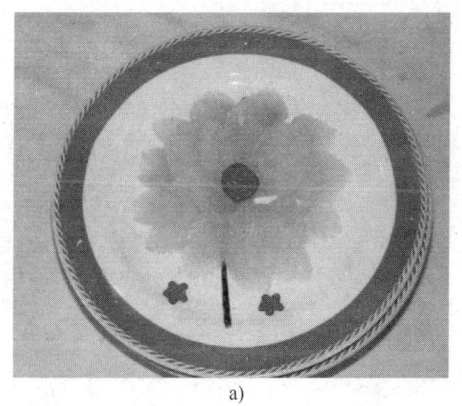

a)

b)

c)

d)

e)

图 5-1 单盘冷菜装盘形式

a) 花形 b) 平铺形 c) 过桥形 d) 正方形 e) 馒头形

2. 双拼（见图 5-2）

双拼即将两种熟料装在一个盘子里，不仅要注意装得整齐，还要注意两种熟料在形式和色彩上的调和。双拼对刀工要求稍细致些，但也要考虑实际要求程度。大众化的双拼如酱肉拼鸭蛋、松花蛋拼海蜇、白肉拼黄瓜比较简单，但宴会中的双拼要求就要高很多，既要考虑到色、味、荤素的搭配，又要考虑到价格及外形的美观。

图 5-2 双拼

3. 三拼（见图 5-3）

三拼即将三种不同的熟料装在一个盘子里，在形状、刀工、色泽方面较双拼的装配技术更高。

图 5-3　三拼

4. 什锦拼盘（见图 5-4）

什锦拼盘即将多种不同的熟料装在一个大盘子里，这种装配技术较三拼又略高一些。

图 5-4　什锦拼盘

5. 花色拼盘（见图 5-5）

花色拼盘是用各种熟料在盘子里摆装成花、鸟、物等形状，形象逼真，多用于高级宴席，其技术性和艺术性都很高，在刀工和配色上必须事先考虑和研究。

图 5-5　花色拼盘

二、装盘的方法

无论是怎样的拼盘，都必须根据原料原有形状，以及经过刀工处理后的块、片、条、段等的不同形态来考虑如何适当使用。装盘一般分为垫底、盖边（围边）和装刀面（盖面）三个步骤，以及排、堆、叠、围、贴、覆六种手法，以下分别介绍。

1. 装盘的三个步骤

（1）垫底。垫底是指装盘时先用一些零碎料，即不整齐的块、段，以及质量较次的碎料如鸡颈、鸡翅尖等垫在中间（鸡颈垫底要斜着斩，块不要太厚、太大）。

（2）盖边（围边）。盖边是指用比较整齐的熟料在四边把垫底的碎料盖上（围上）。

（3）装刀面（盖面）。装刀面是指把质量好、刀口整齐、排列均匀美观的熟料，先铲在刀面上再码在盘中。放在刀面上的熟料称刀面子，如鸡胸肉和两条大腿就可用作刀面子，小腿等则可用作围边。如果用白肚，则要把肚子压平以便于片成大薄片装刀面。

2. 装盘的六种手法

（1）排（见图5-6a）。排是将熟料平排，一排排成行地排在盘中，大多适用于较厚的方块或圆块，如椭圆形、猪腰块。不同的熟料有不同的排法，排火腿要排出刀面，如意蛋卷各排之间的距离要排得略远一些，显得好看。

（2）堆（见图5-6b）。堆是把熟料放在盘中，多用于单盘，如卤猪肝、酱牛肉、叉烧肉、油爆虾等。堆中又可配色堆成花纹，如宴会中的四冷荤，就需堆出花样来，如"宝塔形"等。

（3）叠（见图5-6c）。叠是把切好的熟料一片片整齐地叠起来，一般都是叠成梯形。叠总是以叠片为主，作为刀面子用。叠是一种很精细的操作技术，需和刀工结合起来，随切随叠，叠好后铲在刀面上盖在已经垫底盖边的盘中。叠所用的原料以韧性、坚性及脆性的居多，同时皮骨必须去净，如白切肉片、肴肉、蛋卷、素火腿等。

（4）围（见图5-6d）。围是将切好的熟料排列成环形，层层环绕。通过围可以把冷盘菜排列成很多花样。有的在四周围一圈副料，使副料颜色烘托主料，叫作"围边"。有的将主料一排排围成一朵花，中间配一点副料成花心，叫作"排围"。

（5）贴（见图5-6e）。贴也称摆，是装花色冷盘最精细的操作，要运用各式各样、色彩不同、形状不同的熟料。例如，凤凰、雀、青鸟、鸳鸯等形状要用各种熟料配成五彩的羽毛贴上去；金鱼、龙虾也要另用熟料如火腿片等配成鳞片和甲壳贴上，贴时主要靠厨师丰富的经验、智慧以及巧妙的手法，才能使造型生动活泼、形象逼真。

（6）覆（见图5-6f）。覆也称扣碗，即在盘面上覆盖一层主料。例如，油鸡、卤鸡、洋粉等加工之后，排在碗里加卤浸渍，临吃时再把碗倒扣在盘中，称为覆。此外，先放一种熟料，再放另一些熟料，也是覆的手法。

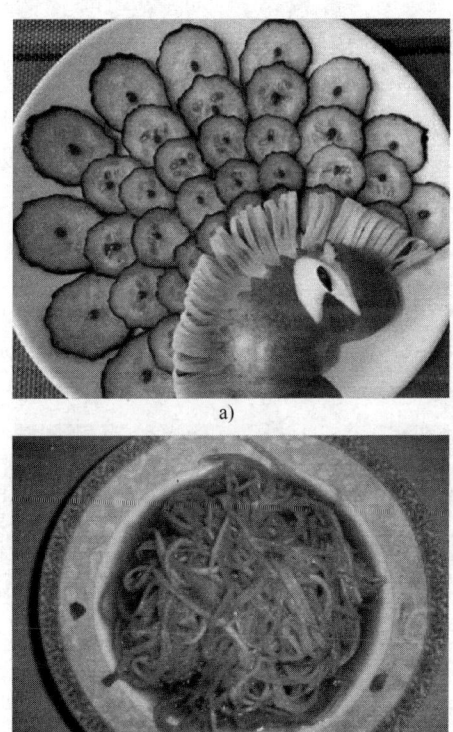

a)

b)

f)

图 5-6 装盘的六种手法

a) 排 b) 堆 c) 叠
d) 围 e) 贴 f) 覆

模块二　冷菜菜例制作

[菜例1] 白斩鸡（见图5-7）

主料：嫩鸡1只（约1 500 g）。

调料：葱50 g、姜50 g、盐20 g、花生油80 g、蚝油25 g、白糖15 g、生抽15 g、上汤200 g、味精2 g。

烹调方法：

（1）鸡去内脏、杂物，洗净后放入沸水中，小火浸泡 20 min，取出洗净，再放入凉水中冲透后洗净，擦干表面水分，刷上花生油。

（2）葱、姜分别洗净，去皮后切成细末，取 30 g 葱、姜末放入碗中，浇上热的花生油 40 g，然后加入盐 15 g、上汤 100 g、味精适量，调匀即成葱油汁。

（3）取余下的 20 g 葱、姜末放在另一个碗中，炸花生油 40 g，放入葱姜稍煸，然后下蚝油 25 g、白糖 15 g、生抽 15 g、盐 5 g、味精适量、上汤 100 g，即成蚝油汁。

（4）鸡斩成块码入盘中，带葱油汁、蚝油汁上桌即可。

工艺关键：整鸡浸泡在沸水中时，火不要过大，但也不可过小。

风味特点：皮爽柔嫩，清淡不腻。

图 5-7　白斩鸡

[菜例 2] 陈皮牛肉（见图 5-8）

主料：牛肉 500 g。

调料：陈皮 40 g、干辣椒 20 g、花椒 5 g、姜片 10 g、葱段 20 g、盐 10 g、绍酒 30 g、白糖 30 g、麻油 10 g、红油 10 g、高汤 400 g。

图 5-8　陈皮牛肉

烹调方法：

（1）牛肉洗净，去筋切成片，盛入碗内，加盐、绍酒、姜片、葱段拌匀，腌约 20 min，陈皮用开水泡后切成小块待用。

（2）炒锅置旺火上，放油烧至七成热，下肉片炸至表面变色。

（3）炒锅内放油 40 g，油热后加干辣椒、花椒、陈皮炒出香味，放葱段、姜片、牛肉、盐、绍酒、白糖、高汤煮开，改用中火收汁，快干时加入红油翻匀出锅。

工艺关键：收汁时不要收得太干。

风味特点：色泽红亮，质地酥软，麻辣回甜，有陈皮香味。

[菜例 3] 怪味鸡块（见图 5-9）

主料：嫩鸡 1 000 g。

调料：白糖 10 g、葱丝 50 g、酱油 40 g、芝麻酱 100 g、味精 1 g、红油 20 g、醋 13 g、花椒粉 2 g、麻油 15 g、熟芝麻 10 g、葱段 10 g、姜片 10 g。

烹调方法：

（1）将鸡宰杀，放净血后煺毛，从腹下开膛，取出内脏，清洗

图 5-9 怪味鸡块

干净待用。

(2) 将锅置于火上,注入清水,放入葱段、姜片,将水烧沸后改用小火,将洗净的鸡下入汤锅,用微开的水浸熟,然后端锅离火,将鸡浸在原汤开水内,晾凉后取出。

(3) 将熟鸡去骨,鸡肉切成块,葱丝放入盘底,切好的鸡块码于葱丝上待用。

(4) 将芝麻酱放入碗中,用冷鸡汤调开,放入酱油、味精、醋、白糖、麻油、红油、花椒粉调成怪味汁,淋在盘内的鸡块上,撒上熟芝麻,食时拌匀即可。

工艺关键:

(1) 煮鸡时不可用大火煮,要用小火浸熟才能保持鸡的鲜嫩感。

(2) 调怪味汁时,液体调料要掌握好用料,以其拌后不见汁略见油为宜。

风味特点:肉质鲜嫩,咸、甜、麻、辣、酸、香、鲜,各味齐全。

[菜例4] 黄瓜卷（见图5-10）

图5-10　黄瓜卷

主料：黄瓜250 g、胡萝卜100 g、水发冬菇100 g、莴笋100 g。

调料：精盐25 g、味精1 g、香油30 g。

烹调方法：

（1）将黄瓜洗净，切成6 cm长的段，再将其切成薄片，放一盆中，加精盐15 g拌匀，腌渍20 min待用。

（2）胡萝卜、水发冬菇、莴笋均切成细丝，胡萝卜丝、冬菇丝用沸水焯烫一下，莴笋丝用盐腌一下待用。

（3）将黄瓜片、莴笋丝分别挤出水分，胡萝卜丝、冬菇丝一同加味精、香油拌匀。

（4）取一片黄瓜摊在案子上，将胡萝卜丝、冬菇丝、莴笋丝放在黄瓜片中间部位，从一头卷起，并用刀修正不齐部分，将黄瓜卷整齐码入盘中即可。

工艺关键：

（1）腌渍黄瓜、莴笋的目的是将黄瓜、莴笋中的水分脱去，使黄瓜、莴笋回软而不失脆嫩的口感，也使黄瓜容易卷起。

（2）切黄瓜片时，下刀要稳，要求薄厚均匀，否则外形不美观。

（3）各种丝在切制时要掌握好刀法，丝要切得均匀，否则也会影响外形。

风味特点：工艺精细，色彩鲜艳，咸香爽脆，为夏令时节的佳肴。

[菜例5] 姜汁扁豆（见图5-11）

图5-11 姜汁扁豆

主料：鲜扁豆500 g。

调料：精盐10 g、味精5 g、香油25 g、姜末25 g、料酒10 g。

烹调方法：

（1）把姜末放入碗中，倒入料酒，用纱布包好，挤出姜汁待用。

（2）香油倒入锅内，上火烧至九成热，浇入姜汁，炸出香味。

（3）将扁豆去两头，撕去筋，用水洗净，放入开水中焯透，捞出控净水分，放入盘中晾凉，加入精盐、姜汁、味精，拌匀即可。

工艺关键：

（1）焯烫扁豆时，切不可让扁豆在沸水中停留时间过长，否则扁豆无脆嫩的口感。

（2）扁豆必须烫熟，否则易造成食物中毒。

风味特点：扁豆翠绿，清淡鲜美，姜味浓郁，脆嫩爽口。

[菜例6] **酱牛舌**（见图5-12）

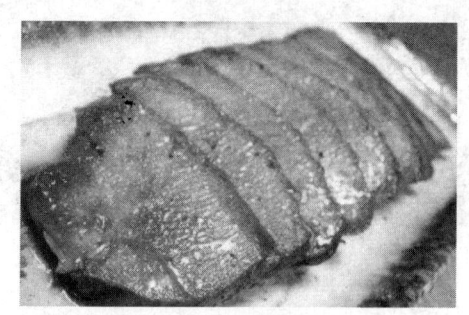

图5-12 酱牛舌

主料：牛舌1 000 g。

调料：酱油50 g、大料5 g、姜5 g、糖色少许、五香料50 g、花椒5 g、葱5 g、蒜5 g、精盐5 g。

烹调方法：

（1）将牛舌用清水洗净，用开水烫一会儿，捞出撕去舌皮，用刀把牛舌两开（从中间劈开），再用清水洗净。

（2）将洗净的牛舌放在水锅中，将五香料、酱油、精盐、花椒、大料、葱、姜、蒜、糖色一起倒入锅内煮约2 h，酥烂后用漏勺将牛舌捞出，挑去调料放在盘中晾凉，食用时切片即可。

工艺关键：酱牛舌时用中火煮，如火太大，汤容易过分蒸发，牛舌不易煮烂。

风味特点：此菜制作方法简单，酱香浓郁，回味无穷，再加上舌头部位肉质极其细嫩，是一道非常好的宴会佳肴。

[菜例 7] 椒麻鸡（见图 5-13）

图 5-13　椒麻鸡

主料：嫩鸡 1 000 g。

调料：葱段 10 g、姜片 10 g、花椒 10 g、酱油 50 g、精盐 20 g、葱叶 30 g、味精 1 g、鸡汤 200 g、香油 30 g。

烹调方法：

（1）将鸡宰杀，放净血后煺毛，从腹下开膛，取出内脏，清洗干净。

（2）锅置火上，注入清水，放入葱段和姜片，将水烧沸，然后将鸡放入汤锅中，改用中火，以水微开为宜，将鸡煮至刚熟时捞出，放入凉开水中，漂凉后取出，沥干水分，抹上一层香油，用刀斩成 4 cm 长、2 cm 宽的块，然后将鸡块码在盘中。

（3）将花椒、葱叶剁成极细的末，盛入碗中，再加入酱油、精盐、味精、香油、鸡汤调拌均匀，即成椒麻汁。

（4）将兑好的椒麻汁淋在盘中的鸡块上，即可食用。

工艺关键：

（1）煮鸡时要注意火候，不能煮过火，以刚熟取出为佳。

（2）鸡煮熟后抹上一层香油是为了使其美观，并可防止鸡皮风干。

风味特点：咸鲜清香，肉质细嫩，椒麻味浓，为佐酒佳肴。

[菜例8] 芥末鸡条（见图5-14）

图5-14 芥末鸡条

主料：嫩母鸡500 g。

调料：芥末25 g、味精3 g、蒜10 g、盐5 g、醋10 g、香油15 g、姜少许、酱油少许。

烹调方法：

（1）将母鸡开膛取出五脏后清洗干净，下入热开水中，煮熟捞出后洗净浮沫晾凉。

（2）芥末放一小碗中，用温水调开，加一点醋，用纸封严，放在能烘热的地方，加温15 min。

（3）将蒜去皮捣烂成泥，姜切成末与盐、醋、酱油、味精一起倒入调好的芥末汁中。

（4）把晾凉的鸡做一下加工，把鸡的两个翅膀先掰开，将中间的骨头取出，再将鸡皮取下，用手把鸡肉撕成 5 cm 长、0.5 cm 粗的条，均匀地码放在盘中。

（5）食用时切些黄瓜丝围在盘边，将兑好的芥末汁浇在鸡条上，上桌拌匀即可食用。

工艺关键：

（1）鸡在锅中煮的时间既不能过短也不能过长，以能脱骨为佳，可用一根筷子在鸡大腿上扎一下，扎透即可。

（2）鸡在煮的过程中最好不要放盐，以保持肉的鲜嫩感，可放些葱、姜去异味。

（3）加温芥末时如果没有烘热的环境也可用大碗放上开水，将小碗芥末放入其中盖上保鲜膜。

风味特点：鲜嫩可口，芥辣味浓。

[菜例9] 酒醉鸭肝（见图 5-15）

图 5-15　酒醉鸭肝

主料：填鸭肝 1 000 g。

调料：茅台酒 50 g、料酒 50 g、盐 20 g、姜片 10 g、味精 5 g、葱段 10 g、上汤 750 g。

烹调方法：

（1）用刀剔去鸭肝筋膜和胆渍，用清水洗净浸漂，再放入开水锅煮熟，去净血沫后捞出洗净。

（2）取炒锅，加上汤、料酒、盐、味精、葱段、姜片、鸭肝，待上汤烧开后撇去浮沫，将鸭肝及卤汁一起倒入搪瓷盆内，加上茅台酒浸泡 3 h。

（3）食用时将鸭肝切成薄片，装盘浇上汤汁即可。

工艺关键：煮鸭肝时火不要过大，无血丝即可，否则食用时将失去鸭肝鲜嫩的口感。

风味特点：鲜嫩咸香、爽口，茅台酒味浓厚，为大型宴会上的佳肴。

[菜例 10] **蜜汁白果**（见图 5-16）

图 5-16　蜜汁白果

主料：白果 1 000 g。

调料：桂花糖 10 g、冰糖 250 g。

烹调方法：

（1）把白果洗净，用刀拍破，然后放入开水锅内，用小火煮约 1 h 后取出，洗净红皮，装入碗中放上水，上笼蒸，蒸好后取出，沥干水分。

（2）锅置火上，放入 100 g 水及冰糖、桂花糖，烧开且糖溶化后过罗筛。

（3）把锅洗净，倒入糖水，在火上收干成浓汁，放入白果搅拌均匀。

（4）白果晾凉后装盘，即成为蜜汁白果，上桌即可食用。

工艺关键：

（1）白果用刀拍时不要拍得过重，否则拍烂不成粒。

（2）蒸白果放入水量的标准以没过白果为宜。

（3）白果上笼蒸，使其涨发，切忌蒸得过烂，否则影响成形。

风味特点：此菜色泽洁白，雅丽大方，清新悦目，柔软香甜。

[菜例 11] 水晶虾仁（见图 5-17）

图 5-17　水晶虾仁

主料：虾仁 100 g、猪肉皮 500 g。

调料：清水 750 g、精盐 50 g、味精 0.2 g、葱段 50 g、姜片 20 g、姜末少许、料酒 25 g、蒜泥 20 g、香油 0.2 g、醋 0.5 g、虾油 5 g。

烹调方法：

（1）将虾仁去除虾线洗净，用开水焯熟，码在干净的不锈钢盘中备用。

（2）将猪肉皮用刀刮去残毛，刮净肥油后洗净，放入开水锅中，煮至六成熟时捞出，然后把猪肉皮切成 7 cm 长、3 cm 宽的长方块备用。

（3）把猪肉皮、精盐、葱段、姜片上屉蒸 2 h，拣出盆中的葱、姜和猪肉皮，将熬好的水晶汁浇在不锈钢盘中晾凉。

（4）将水晶虾整齐码入盘中即可，再取一小碗，碗中放入姜末、蒜泥、香油、醋、虾油调匀，和水晶虾一起上桌。

工艺关键：肉皮在处理时，一定要刮尽肥油，如有条件可在煮至六成熟后再用刀刮一遍，避免其中的油脂外溢。

风味特点：晶莹透明，味道滑润清香。

[菜例 12] 蒜泥白肉（见图 5-18）

图 5-18　蒜泥白肉

主料：猪腿肉 500 g。

配料：大蒜 50 g。

调料：辣椒油 15 g、精盐 5 g、味精 1 g、酱油 15 g、香油 15 g、葱段 15 g、姜片 15 g。

烹调方法：

（1）将肥瘦相连的猪腿肉刮洗干净，放入有葱段、姜片的汤锅中煮至皮软，断生后停火，用原汁浸泡 30 min。

（2）捞出浸泡好的肉，擦干水分，切成 7 cm 长、3 cm 宽的大薄片，零碎的放在盘底，整齐的放在上面。

（3）大蒜切成蒜蓉，加精盐、香油调匀，和酱油、辣椒油、味精兑在一起，浇在肉片上。

工艺关键：肉片不可煮得过熟，八成熟即可。

风味特点：香辣鲜美，蒜味浓厚，肥而不腻。

[菜例 13] 糖醋小排（见图 5-19）

图 5-19　糖醋小排

主料：猪小排 500 g。

调料：绍酒 50 g、酱油 40 g、白糖 50 g、饴糖 100 g、米醋 40 g、盐水 125 g、猪肉汤 200 g、湿淀粉 25 g、熟猪油 500 g。

烹调方法：

（1）将排骨洗净，斩成约 4 cm 长、2.5 cm 宽的方块，放入盆内，用盐水拌和，腌渍 4 h。

（2）炒锅置于旺火上，倒入熟猪油，烧至七成热时放入排骨，炸至断生，倒入漏勺。

（3）原锅放回火上，放入排骨，倒入猪肉汤，加绍酒、白糖、酱油、饴糖烧沸后，移到小火上煮约 50 min，再移至旺火上，将汁收浓，加醋炒匀，起锅晾凉，盛入盘中即可。

工艺关键：腌渍时间一般为 4 h，冬天约为 1 天。

风味特点：色泽红润光亮，排骨香嫩异常，甜酸微咸，为宴会佳肴。

[菜例 14] **五香酱驴肉**（见图 5-20）

图 5-20　五香酱驴肉

主料：净驴肉 5 000 g。

调料：清水 1 500 g、花椒 10 g、豆蔻 2 g、红曲米 20 g、桂皮 5 g、白芷 5 g、姜片 20 g、料酒 100 g、精盐 50 g、山楂片 10 g、冰糖 50 g、草果 5 g、酱油 750 g、大料 5 g、葱段 30 g。

烹调方法：

（1）将驴肉用清水清洗干净，再浸泡 5 h。

（2）汤锅置火上，注入清水烧开，放入泡好的驴肉焯一下，然后放入凉水中过凉。

（3）锅置火上，加入冰糖炒至金红色，下入清水、酱油、精盐、料酒烧开，去净浮沫，加入用红曲米煮红的水及山楂片。

（4）将花椒、豆蔻、草果、桂皮、白芷、大料装入纱布袋内，扎好口放入锅中，加入葱段、姜片，烧开后煮约 3 min，再将驴肉放入用旺火烧开，去净浮沫，用中火炖制 3.5 h，如驴肉较老则炖制时间更长（以 5 h 为宜），至驴肉酥烂为止，然后取出晾凉，即可改刀切片装盘上桌。

工艺关键：

（1）驴肉必须浸泡 5 h 左右，以泡出血水为宜。

（2）炒糖色时要掌握好火候。

（3）煮红曲米时，煮至水很红时为宜，可多煮几次。

（4）炖驴肉时，因时间长，所以要看好火候，勤翻动驴肉，以免糊锅（也可在锅底垫上竹箅子）。

风味特点：色泽酱红，软烂糯口，咸鲜味浓，香醇四溢，酒饭均宜。

[菜例 15] 油焖花菇（见图 5-21）

图 5-21　油焖花菇

主料：水发花菇 150 g。

调料：葱段 10 g、姜片 5 g、料酒 10 g、精盐 30 g、白糖 5 g、味精 0.2 g、清汤 150 g、麻油 50 g、酱油少许。

烹调方法：

（1）花菇去蒂，洗净泥沙，挤干水分。

（2）炒锅放在旺火上，放入麻油 40 g，烧至五成热，投入葱段、姜片、花菇煸炒几下，加入酱油、白糖、精盐、清汤，烧开后用小火收汁，汤汁快干时加入味精，淋上 10 g 麻油，盛出晾凉，将花菇一片压一片，呈环形摆入盘内，中间多放些，形状稍凸起即可。

工艺关键：

（1）花菇热水浸泡 20 min 即可发好，发制时要将花菇压入水中，清洗时次数要少，但泥沙一定要洗净。

（2）焖菜时若加入虾仁就可称为虾子焖花菇，若加入其他配料，则变化更多。

(3) 无花菇也可用冬菇代替。

风味特点:

(1) 香气浓郁,清淡可口,花纹相间,尤为美观,其营养价值极高,并有抗癌、降血脂的功用。

(2) 既可单独食用,又可在加工后用于其他冷菜。

[菜例16] 炝青笋(见图5-22)

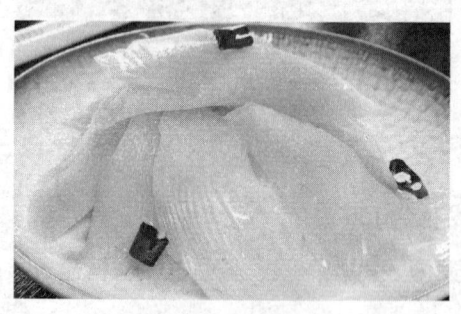

图5-22 炝青笋

主料:青笋200 g。

调料:花椒5 g、麻油5 g、味精3 g、绍酒3 g、花生油20 g、精盐5 g。

烹调方法:

(1) 青笋去皮洗净,切成0.8 cm粗、5 cm长的方条。

(2) 将青笋条用盐腌去水分备用。

(3) 炒锅上中火,加入麻油及花生油,放入花椒,炸成花椒油,倒入脱去水分的青笋条、味精,颠翻几下装盘即可。

工艺关键:

(1) 炸花椒油时,花椒炸出香味即可,切勿炸老或欠火,且最好是将花椒取出。

（2）浇上花椒油后最好用碗盖住 1 min，以使其味更浓。

风味特点：清爽利口、色泽美观，为佐酒佳肴。

[菜例 17] 熏黄鱼（见图 5-23）

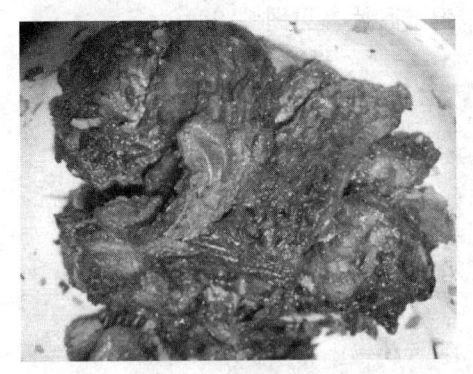

图 5-23　熏黄鱼

主料：鲜黄花鱼 750 g。

配料：葱段 10 g、姜块 10 g、葱叶 250 g。

调料：精盐 5 g、香油 10 g、味精 5 g、料酒 5 g、辣酱油 25 g。

烹调方法：

(1) 将黄花鱼去鳞、去腮，用筷子绞出内脏，洗净。葱段、姜块拍烂，放在盘里，兑入盐水、味精、料酒，放入黄花鱼腌渍 1 h，取出控干，上笼蒸熟，抽出鳍骨。

(2) 锅中撒上一层约 0.8 cm 厚的香锯末，放上盘，把洗净的葱叶均匀地铺在盘上，将蒸好的黄花鱼放在葱叶上，用笼盖住。将锅放在火上，烧至锅微红，锯末起烟后立即将锅端下，熏制 20 min 后取出，放在盘中，抽出脊骨，抹上一层香油。

(3) 走菜时外带辣酱油。

工艺关键：熏这一环节一定要掌握好，锅一冒烟立即端下，否则菜肴将有煳味。

风味特点：皮脆肉嫩，味清香。

[菜例 18] 温拌腰片（见图 5-24）

图 5-24　温拌腰片

主料：猪腰子 150 g。

调料：精盐 2.5 g、香油 25 g、酱油 15 g、米醋 10 g、料酒 10 g、姜 2.5 g、蒜 5 g、白胡椒粉 0.5 g、莴笋 2.5 g、花椒 0.5 g。

烹调方法：

(1) 将腰子撕去皮膜，用刀从中部片成两片，除净猪臊，然后片成 0.2 cm 厚的薄片。

(2) 将姜、蒜切末。

(3) 将腰片放入沸水中，待其伸展开、颜色变白时立即捞出，沥干水分，放一容器内，加精盐、料酒、酱油拌匀。

(4) 在拌好的腰片上面放上蒜末、姜末和白胡椒粉。

(5) 炒锅置火上,加香油,烧至九成热时投入花椒,待其发黑捞起,花椒油立即泼在蒜末上即成。

工艺关键:腰片不要焯得太老,以免失去脆感。

风味特点:不凉不热,香鲜爽口,腰片脆嫩。

第6单元 菜肴的命名

一、菜肴命名的一般原则

一名厨师必须熟悉菜肴的名称,见到菜肴名称就知道配什么原料;还要能创新菜肴品种,并命以恰当的名称,使人一看便知菜肴的内容、风味等,便于人们选择、制作,给人以艺术美的享受。菜肴命名的一般原则是:(1)力求名实相符,使菜名充分体现菜的特色或全貌;(2)力求雅致得体,不可牵强附会,滥用辞藻。

二、菜肴命名的类型

根据我国已有菜肴名称分析,菜肴命名的方法一般可以归纳为以下几种类型。

1. 烹调方法加上主料作菜名

如油爆海螺、炸里脊、清蒸加吉鱼等。这种命名方法最为普遍,使人一见菜名就了解菜肴的全貌,对一些具有特色烹调方法的菜肴更为适宜。

2. 调味品或调味方法加上主料作菜名

如糖醋鲤鱼、咖喱牛肉、麻辣肉丝、番茄鱼片等。这种命名方法重点突出了菜肴的口味，对一些调味有特色的菜肴尤为适宜。

3. 色或形加上主料作菜名

如金银大虾、蝴蝶海参、柳叶鸽蛋、松鼠鱼等。这种命名方法反映出菜肴的某一突出特点。

4. 某一突出的辅料加上主料作菜名

如圆葱板鱼、荠菜黄鱼卷、面包虾仁、椿头豆腐、辣子鸡等。这种命名方法突出地反映了菜肴用料上的特点，对那些辅料口味有特色的菜肴更为适宜。

5. 以烹调方法和原料某一方面的特征作菜名

如氽生肚片、拔丝金枣、糟熘二白、炒四丝、清炸菊花鱼等。这种命名方法突出了烹调方法以及菜肴的色泽、形态等方面的特点，有的菜肴虽不具体标明所用原料的名称，但能使人们对所用原料的性质一目了然。

6. 在主料前加上人名或地名作菜名

如东坡肉、德州扒鸡、山东蒸丸、镇江肴肉、东安子鸡等。这种命名方法可以说明菜肴的起源、出处，适用于有地方色彩的菜肴。

7. 把所用主辅料及烹调方法全部在名称中反映出来

如虾仔烧白菜、麻酱拌海参、芦笋扒鲍鱼、黄瓜炒肉片、蚕豆炒虾仁等。这种命名方法很普遍，为一般菜肴所常见，可以从菜名中看出此菜的用料和烹调方法。

8. 特殊的盛器加上用料作菜名

如铁锅蛋、什锦火锅、三鲜火锅、羊肉涮锅、砂锅豆腐等。这种命名方法主要适用于使用特殊的盛器或烹具的菜肴。

9. 单纯以寓意命名

这种命名方法主要适用于有特殊意境的菜肴的命名，指出或暗示某一意向和内涵，如佛跳墙、红娘自配、雪里埋炭等。用此法命名要特别注意确切自然，不可生搬硬套、牵强附会，使人难以理解。

菜肴的命名方法不局限于以上几种，还可以在熟悉菜肴用料、烹调方法以及色、香、味、形等方面的基础上，抓住重点，突出特色，给菜肴一个名副其实的名称。

三、菜肴命名的一般规律

菜肴的命名没有统一的规定，但有一定的规律可循。一般可以从两个方面着手。

1. 先创造出品种再命名

可根据菜肴所用原料及其口味、形态、色泽、烹调方法等方面的特点来确定菜肴的名称，尽可能使菜肴的名称和菜肴的内容相符，使菜名能基本概括菜肴的构成内容或突出菜肴的特征。

2. 先构思菜名，再根据菜名来创造品种

还可以先想好一个雅致的名称，然后再根据名称来配料、配色、造型和调味，使制成的菜肴与名称相符。这种方法使用较少，主要用于某些特殊的、在特定的条件下能突出某一方面特征的菜肴。

培训大纲建议

一、培训目标

通过培训，培训对象可以从事中式烹调师职业，在热菜及冷菜岗位从事原料初加工、切配、打荷、菜肴制作等工作。

1. 理论知识培训目标

（1）了解中式烹调师应具备的职业道德、卫生要求和安全生产工作流程。

（2）了解新鲜蔬菜、家畜、家禽、水产品及常用干货原料的基础加工质量要求及刀工操作的基本要求、原料成形工艺及配菜的基本原则。

（3）了解厨房常用工具设备、火候知识、调味的意义及作用、原料的初步熟处理、烹调的辅助手段、"炸、熘、爆、炒、烧、煎、烹、烩、炖、焖"烹调方法的概念。

（4）了解冷菜装盘的种类、冷菜装盘所使用的方法。

（5）了解菜肴命名的一般原则及类型。

2. 操作技能培训目标

（1）掌握烹调原料基础加工及原料成形的方法。

（2）掌握勺工技法、火候运用方法、烹调中调味的方式及原则、原料的初步熟处理方法、"炸、熘、爆、炒、烧、煎、烹、烩、炖、焖"烹调方法。

（3）掌握冷菜装盘的方法、冷菜菜肴制作的工艺流程及方法。

（4）掌握菜肴命名的方法。

二、培训课时安排

总课时数：96 课时。

理论知识课时：27 课时。

操作技能课时：69 课时。

具体培训课时分配见下表。

培训课时分配表

培训内容	理论知识课时	操作技能课时	总课时	培训建议
第1单元　入厨须知	2	－	2	重点：职业道德的基本要求、卫生要求、安全生产等主要内容 难点：如何按照厨师的基本素质要求严格要求自己 建议：职业道德的基本要求结合实例讲解为佳，运用启发式和讨论式教学方法
第2单元　原料基础加工	5	15	20	重点：了解新鲜蔬菜、家畜、家禽、水产品及常用干货原料的基础加工质量要求 难点：掌握新鲜蔬菜、家畜、家禽、水产品及常用干货原料的基础加工工序及方法 建议：先由教师示范操作，然后再由学员分组练习
模块一　新鲜蔬菜的基础加工	1	3	4	
模块二　畜肉类原料的基础加工	1	3	4	
模块三　家禽类原料的基础加工	1	3	4	
模块四　水产品的基础加工	1	3	4	
模块五　常用干货的基础加工	1	3	4	

续表

培训内容	理论知识课时	操作技能课时	总课时	培训建议
第3单元　切配训练	3	9	12	重点：了解刀具的种类、刀具的使用及保养、菜墩的使用和保养、刀工操作的基本要求、原料成形工艺及配菜的基本原则 难点：掌握刀具的使用与保养方法、各种刀法的使用、原料成形的操作工序及方法、配菜方法 建议：先由教师示范操作，然后再由学员分组练习
模块一　刀工训练	1	3	4	
模块二　原料成形	1	3	4	
模块三　配菜训练	1	3	4	
第4单元　热菜制作	13	39	52	重点：了解厨房常用工具设备、火候知识、调味的意义及作用、原料的初步熟处理、烹调的辅助手段"炸、熘、爆、炒、烧、煎、烹、烩、炖、焖"烹调方法的概念 难点：掌握勺工技法、火候运用方法、烹调中调味的方式及原则、原料的初步熟处理方法、"炸、熘、爆、炒、烧、煎、烹、烩、炖、焖"烹调方法 建议：先由教师示范操作，然后再由学员分组练习
模块一　厨房常用工具及勺工训练	1	3	4	
模块二　火候	1	3	4	
模块三　调味	1	3	4	
模块四　原料的初步熟处理	1	3	4	
模块五　烹调的辅助手段	1	3	4	
模块六　炸菜制作	1	3	4	
模块七　熘菜制作	1	3	4	
模块八　爆菜制作	1	3	4	
模块九　炒菜制作	1	3	4	
模块十　烧菜制作	1	3	4	
模块十一　煎菜和烹菜制作	1	3	4	
模块十二　烩菜、炖菜和焖菜的制作	1	3	4	
模块十三　时尚菜例制作	1	3	4	
第5单元　冷菜制作	2	6	8	重点：了解冷菜装盘的种类、冷菜装盘所使用的方法 难点：掌握冷菜装盘的方法、冷菜菜肴制作的工艺流程及方法 建议：先由教师示范操作，然后再由学员分组练习
模块一　冷菜装盘	1	3	4	
模块二　冷菜菜例制作	1	3	4	

续表

培训内容	理论知识课时	操作技能课时	总课时	培训建议
第6单元 菜肴的命名	2	-	2	重点：了解菜肴命名的一般原则及类型 难点：掌握菜肴命名的方法 建议：由教师结合实例讲解，运用启发式和讨论式教学方法
总计	27	69	96	